波烈、迪奥和夏帕瑞丽：

时尚、女性气质与现代性

Poiret, Dior and Schiaparelli

Fashion, Femininity and Modernity

〔加〕伊利娅·帕金丝（Ilya Parkins）————著

余渭深　邸超————译

重庆大学出版社

目 录

CONTENTS

致 谢

ACKNOWLEDGEMENTS

本书的研究得到了加拿大社会科学和人文研究委员会的支持。不列颠哥伦比亚大学奥卡那根分校大学内部资助项目提供了额外的财政资源。

与任何涉及历史资料的研究项目一样，图书馆员、档案管理员和博物馆馆长一直是项目研究宝贵的支持和帮助来源。巴黎时尚博物馆 Musée Galliera 图书馆的多米 - 尼克·雷维利诺（Domi-nique Revellino），费城艺术博物馆的迪勒斯·布卢姆（Dilys Blum），尤其是装饰艺术博物馆 the Musée des Arts Décoratifs 时尚图书馆的卡诺林·皮秾（Caroline Pinon）慷慨地奉献了他们的时间和知识。我也感谢 Bibliothèque 法国国家图书馆和巴黎市各图书馆的图书馆员们，以及哥伦比亚广播公司新闻档案馆的玛丽亚·蒙塔斯（Maria Montas）提供的关键文本。

在我为这本书收集图片时，我很幸运地得到了许多人的帮助：不列颠英属哥伦比亚大学奥卡那根分校 UBC Okanagan 图书馆的谢利·萨维齐

（Sherri Savage）非常乐于助人。艺术资源的特里西亚·斯密斯（Tricia Smith）和迈克尔·斯莱德（Michael Slade）提供了超出他们工作范围的帮助。费城艺术博物馆的吉马·特萨库基诺（Giema Tsakuginow）、华盛顿大学图书馆特别收藏部和 CSS 摄影的工作人员也提供了重要的插图。

劳拉·霍沃斯（Lara Haworth）是一位杰出的研究助理。我依靠她的智慧、洞察力和资料查询侦查能力，为我的研究提供了帮助，我感谢她的帮助和友谊；在我写这本书的时候，她和尼科尔·科马西（Nicole Cormaci）是我生命中的亮点。我也很感谢乔安娜·奥尔森（Johanna Olson），在写作手稿最后定稿的时候，我在她的帮助下完成了最后的写作工作。

我非常感谢伊丽莎白·希-恩（Elizabeth Shee-han）、罗布·海南（Rob Heynen）和马洛·爱德华兹（Marlo Edwards）这几位非常棒的朋友，他们阅读了文章的关键部分，并提出了写作中的一些问题和写作修改的建议。我的父亲鲍勃·帕金斯（Bob Parkins）基于他敏锐的眼光，不时发现一些编辑问题。我在线写作小组的所有成员，尤其是苏珊·盖拉德（Susan Gaylard），帮助我完成了整个人生的背景下进行的一次充实的写作实践。其他的朋友和同事的鼓励也同样无私慷慨：我感谢 T. L. 科恩（T. L. Cowan），路易斯·卡-库卢（Lois Cu-cullu），简·卡瑞特（Jane Garrity）和西莉娅·马诗珂（Celia Marshik），他们在许多演讲中促进了本研究早期版本的传播，并提供了急需的知识社区。

在不列颠英属哥伦比亚大学奥卡那根分校，我很幸运能与戴安娜·弗伦奇（Diana French）和莘西娅·马西森（Cynthia Mathieson）一起工作，在整个研究过程中，他们特别友好和随和。我非常感谢我在社区、文化和全球研究的所有同事，在我的研究和写作过程中，为我提供了这样一个支持性的、学院式的跨学科环境。我要感谢夏莉·帕赫拉珂（Shelley Pacholok），感谢她在我们变幻莫测的学术生活中带给我们的友谊。

安斯莉·克琳（Ainsley Kling）陪伴我完成了这本书的后半部分的写作，她的陪伴极大地丰富了我的生活，并给写作过程带来了亟须的平衡、新的视角和轻松。她还为我提供食物、我们一起外出，分享快乐，这些都支撑着我。我知道这本书因为她的存在和她的爱而更好。

第一章的早期版本是《时尚作为方法论：改写女性现代性的时代》，载于《时代与社会》第 19 期。第三章的小部分内容发表在论文"夏帕瑞丽和迷人的沉默的认识论"里，刊登在《Topia：加拿大文化研究杂志》。

设计师自我塑造中的
时尚、女性气质与现代性

这本书是关于 20 世纪上半叶，时尚中女性气质和现代性的相互联系的书，这种联系不仅具有象征性，也具有实质性。通过分析设计师保罗·波烈 (Paul Poiret)、艾尔莎·夏帕瑞丽 (Elsa Schiaparelli) 和克里斯汀·迪奥 (Christian Dior) 在回忆录和其他作品中展现他们自己的方式，本书将现代社会的复杂性和矛盾性作为一种理解时间和与时间相关的新方式加以追溯。在文艺复兴时期，即通常所说的早期现代时期，现代概念的发轫就对西方文化产生了影响。现代性强调对权威的拒绝——无论是教会，还是君主制的治理结构。作为对公认权威的反击，现代性提出了一个新的观念，人是一个强大的、理性的、自治的存在。现代早期的各种思想遗产在 18 世纪末启蒙时代结束时融合在一起。由此，我们可以追溯到一种新观念的兴起，即人类是"所有可能知识的主权主体"[1]。

也就是说，人（男人）被认为是非常强大的，有能力通过理性了解一切。自此，确定了现代概念稳定的内涵：除了理性和知识之外，人类的自我的模式还包括自我反思的能力、不断发展的能力、掩盖自我表面现象的深层内在性，以及疏离感和个性感。必须指出的是，这种观点强调只有拥有一定财富的白人才具有人类的本质；有色人种、工人阶级和所有种族妇女都被认为不具备同样的反思性、理性、深度或积极发展的能力。

在 19 世纪，我们对影响现代时尚产业结构的现代元素开始建立明确的认识。正如马歇尔·伯曼（Marshall Berman）指出的，这是一个杰出的时期，一方面是艺术的实验和革命精神（现代主义）的张扬，另一方面是工业化和城市化（现代化）的兴起，这两个过程都涉及人们对运动、速度和变化等概念的认识。[2] 长期以来，现代性一直与令人心惊动魄的动态自我的塑造联系在一起。作为现代性的继承者，西方人在过去和现在都受到更新、时空变化、永恒运动和碎片化等概念的冲击。正如哈维·弗格森 (Harvie Ferguson) 所说，"现代性在永恒的内在运动中出现，作为自我生产的一个不安分的持续过程"。[3] 这就是它与时尚的联系：正是时尚与时间的关系使其成为一种典型的现代文化。

时尚之所以是现代的，因为它本身体现了现代性的两个极点：审美的现代主义和工业的现代化。这是不寻常的，因为尽管这两个要素对任何现代性的定义都是不可或缺的，但它们曾经——而且通常（仍然）——被看作彼此不同的，甚至是彼此对立的。事实上，许多批评家认为，这种意识形态上的对立，可以转化为艺术和商业之间的二分法，是现代性的一种结构原则。因此，时尚唤起了人们对现代性本质的关注，揭示了这两个极点难以厘清的互动。可以说，时尚承担着弥合现代性外表裂缝的重要使命。更具体地说，在这本书中，我们将看到波烈、夏帕瑞丽和迪奥在塑造 20 世纪上半叶的现代观念方面所发挥的重要作用。

女性与现代时尚的时间

在 1930 年 4 月巴黎的 *Vogue* 杂志（即法国版 *Vogue*）上登载了一篇关于时尚神秘性的文章，文中匿名作者这样描述时尚："时尚冷漠疏远，没有记忆。"她忽略了她不再爱的东西，她只是显得善变，因为她是如此忠诚——忠诚于她自己的取悦欲望。这里的时尚被拟人化为一个女人。她不仅是个女人，而且还是个善变的女人。[4] 当然，这种比喻对当代读者来说只是老生常谈，即使在近一个世纪前，对 *Vogue* 的读者来说，也同样是耳熟能详的表述。女人等于时尚，时尚等于变化无常，这样的等式在那时早已确立。它建立在女人、装饰和技巧之间的联系之上，其中的每一项都包含对女性的诋毁。[5] 在西方文化中，自然和人工的概念有着悠久的历史和性别含义，与服装或面纱的形象密切相关。在圣经故事中，亚当和夏娃堕落时，天堂是一种赤裸状态，因此是真实的，没有人为的诡计和欺骗。正如艾法瑞特·茨农 (Efrat Tseëlon) 所观察到的那样，"既然将堕落的责任归咎于女人，那么就不难在罪恶、身体、女人和衣服之间画上等号"。[6] 这种联系十分根深蒂固，这也是女性主义者对作为一种概念和一种实践的时尚心存芥蒂的部分原因。

关注时尚与女性，以及与时间易变性的关系，可以说回应了一个具有现代时间标志的问题。[7] 正如伊丽莎白·威尔逊 (Elizabeth Wilson)

所说："时尚作为服装，其主要特征是迅速而持续地改变风格。时尚，在某种意义上就是变化。"[8]事实上，在时尚界，这种变化被普遍认为具有一种不断向新方向发展的趋势，似乎时尚就是不断创新。这种对新奇和创新的承诺几个世纪以来无疑是时尚的卖点——直到1930年，*Vogue*杂志发表一篇关于时尚变化性的评论文章，揭示工业化生产对这种变化性的滋生作用，借助工业生产，新事物的创造更多、更快。因此，时尚的短暂性变得更为复杂。例如，时尚历史学家指出，阶段性的、周期性的时间节奏是定义时尚的部分因素——时尚通常被认为出现在14世纪的意大利城市中，并以其独特的形式而著称。这种周期性的特征在19世纪得到了加速，波及时尚产业的方方面面，从服装工业生产的标准化，到设计师系列设计所表现的时间性，以及将过去带入现在的历史服装风格的周期性复兴。因此，不难看出时尚的"变幻无常"性质所包含的矛盾性：它所尊崇的逻辑是什么？追求新奇，还是扼杀真正变化的可能性？

如果我们想要突出现代时尚易变的根源——特殊的时间特征或时间性，那么我们就需要考虑这种时间性对女性气质意味着什么，女性气质与时尚及其节奏的联系为何如此紧密。正如一些女性主义历史学家和时尚分析家所认识到的那样，在20世纪初期，时尚领域对"新"的不断祈求，实际上包含了将女性牢固地定位于现代的可能性。[9]事实上，当诸如夏尔·波德莱尔（Charles Baudelaire）[1]，格奥尔格·西美尔（Georg

---

[1] 夏尔·波德莱尔（1821—1867）：法国19世纪现代派诗人，象征派诗歌先驱，代表作有《恶之花》。——译者注

Simmel)[1] 和沃尔特·本杰明（Walter Benjamin）[2] 等文化评论家和理论家所指出那样，时尚的独特节奏是西方工业现代化的典范，在无意中它们将女性置于这个以新奇、活力和分裂为特征的时代话语的中心。10

如果时尚的女性化确实使女性与现代性的加速节奏保持一致，时尚女性化一定是构成现代性的重要因素。丽塔·费尔斯基（Rita Felski）等人追溯了人们的一种持久的渴望，这是"史前"女性不曾拥有的理想，衬托出现代女性的不确定性。11 缺乏灵活性是这种保守的女性观念的特点；女性显然体现了一种核心或本质，一种安静、平和的品质，这是文化变革无法改变的："女性……代表或超越了眼下和未来，体现了崇高神秘的时空差异性；她是遥远过去的象征，也是我们无法把握的未来的象征"。12 女性的概念是静止的，她们站在历史之外或超越历史，永固不变，当然，这种认识巧妙地将她们从现代的风景中移除，因为现代强调的是无情的变化。然而，时尚的节奏介入其中：体现了现代性的疯狂节奏，铸就了一种非常不同的女性气质。它似乎让女性进入了现代社会，融入了社会和文化行动的结构。

因此，我们不能把时尚和服装这一遭到普遍贬低的领域看作现代性的边缘。相反，时尚推动或激发了对现代性的普遍理解，这种理解的特征是"时间意识的关键转变"，在这种转变中，社会世界可以被视为"处于一种变化或运动的状态"。13 关于时尚独特的现代时间性，最重要的一点是，它具有一种双重范畴，将时间意识的抽象与模特、穿着者和消费

---

[1] 格奥尔格·西美尔（1858—1918）：德国社会学家、哲学家。——译者注

[2] 沃尔特·本杰明（1892—1940）：德国思想家、哲学家和马克思主义文学批评家。——译者注

者的身体联系起来。因此，时尚巧妙地将宏观与微观、高雅与世俗结合在一起。它将女性的日常生活与历史的长河联系起来，将这些生活与复杂的生产、消费和其他公共文化领域明显地并列在一起。从这个意义上说，时尚研究必须严肃地对待现代人的日常生活和经历，尊重人们对他们所穿服装的亲密投资，以及他们通过穿着参与其中的象征系统。时尚是进入公共文化和现代历史节奏的关键模式，对于 20 世纪早期的女性消费者来说，它是参与现代性的关键模式。

然而，仅仅关注时尚消费的意义还不足以解释时尚产业的发展速度是如何现代化的，以及它是如何被性别化的。或许，与其他消费品相比，时尚消费更依赖于它的市场营销，并与产业的自身结构和代表方式密切相关。时尚的生产不能与它的消费完全分离开来。对时尚及其运作的任何文化分析都必须包括生产和营销两个方面，而对现代产业及其与时代的特殊关系的任何理解都需要对生产和消费进行分析。[14]

设计师自述故事中的女性和女性气质的时间性

对时尚行业本身的关注并不一定意味着否认对时尚个人性和消费性的批判。关注时装设计师的自述是对时装研究的有益补充，时装研究所关注的问题是：时装如何塑造自我，以及自我塑造包含什么内容。在阅读与时装设计师相关的文本时，不难看出设计师对自我形象的塑造和处理尤为关注。从 19 世纪 60 年代，查尔斯·弗雷德里克·沃斯 (Charles

Frederick Worth)[1] 开始，西方时装设计师就成为备受瞩目的公众人物，设计师本身正是这种转变的重要推手。他们利用自己的社会阶层，成功地与文化精英和艺术先锋建立联系，增加自身的文化资本，而他们经营的时尚公司则从所谓的时尚"民主化"（不断增加时尚服装的生产、销售和展示）的过程中获得经济上的好处。设计师们不断增加的个人神秘感，使得他们在时尚业所强调的新奇和原创中有利可图。[15] 在 20 世纪，随着现代主义在视觉艺术和表演艺术上的实验，设计师通过建立与"新"、"经典"和"永恒"等类别的关系来投射自己的形象。设计师围绕自我表述所做的努力首先体现在对时间的调节上。

仔细阅读时装设计师的自述文本就会发现，在 20 世纪早期，女性形象和女性气质绝对是建构时装设计师公众形象的核心要素。正是因为这个原因，我们把波烈、夏帕瑞丽和迪奥作为本书的三个中心人物：独特的时间修辞构建了他们自我故事的线索。这三位风格迥异的设计师基于他们对过去、现在和未来之间的复杂关系的阐述联系在一起，这些关系与 20 世纪上半叶时尚的时间性更为普遍地交织在一起。对他们自己和他们的作品而言，这些时装设计师具有一个显著特征，总是不断召唤现代或史前的女性气质。在他们眼里，女性形象就是缪斯、模特和客户；而女性气质则作为一种抽象概念，激励设计师，创造新神话。女性形象和女性气质的探索，贯穿于这三位设计师的生命历程，并以非常复杂和看似矛盾的方式屡屡出现。

因此，时尚历史学家和女性主义批评家经常提出，20 世纪早期女

---

[1] 查尔斯·弗雷德里克·沃斯 (1825—1895)：巴黎高级时装业的创始人，1858 年，在德·拉·派大街创建了自己的时装店。——译者注

性气质的现代性的确立，与时尚对"新"的不断呼吁不无关系，这些评论使得时尚研究更为复杂。虽然在时尚研究中，人们很少关注设计师的自述写作——大概是因为自传文本常被视为大众市场的垃圾，不被重视——其实这些文本也是非常复杂的。在这些文本中，时尚消费的女性似乎是不稳定的、属于极其矛盾的类别，最终，女性对时尚的热衷被标记为一种不理智的关系，因此，女性往往被置于与现代社会相对立的位置。这与 20 世纪早期的女性主义历史学家和批评文献中占主导地位"新"女性的形象相距甚远。关注设计师的自传写作是至关重要的，因为它有助于我们洞察女性与时尚的关系——以及最终与现代性本身的关系——使我们所讲述的时尚故事更加丰满。

这并不是说在这些文本中发现的女性形象是直接的。在她们的内心深处，就像在她们身上描绘的女性气质一样，具有高度的不稳定性和多变性，这是典型的女性气质。这类文本以令人惊叹的轻松笔触，描绘了性格解放的、时髦的、完全现代的女性肖像，也讨论了无常的、不理智的、体现一种神秘古老模式的存在，对这种气质的描述挑战着当代设计师的掌控。在这些时装设计师娴熟的自我表述中，充斥着对女性关系的描述，这是一种多变的自我描述，反映了时尚行业变化无常的节奏。作为一种自我塑造的联系，设计师的生活书写有着独特的时代印记，似乎承载着时尚设计所带来的特定的、时代性的压力。就像时尚一样，在这些文本中，自我的表述摇摆在对工业和艺术的忠诚之间，前者的节奏近乎疯狂、是一种历史的偶然状态，后者则保持一种走向永恒的姿态。其结果是设计师在了解世界的两种方式——艺术和工业——交叉点上留下的他们的集体肖像。他们的回忆录是一个重要的论坛，得以构建连贯和娴熟的自我，这是设计公司必须具备的战略条件，确保商业持续成功。很多作品未能体现出艺术与工业的一致性，说明了该行业及其主要人物所经历的压力。本书的研究以美学与商业的复杂关系为出发点，按照对主流艺术的理解，二者是对立的。该分析借鉴了南茜·J. 特洛伊（Nancy J. Troy）的研究成果，她的《时装文化》(*Couture Culture*) 确立了艺术与工业之间的矛盾，是构建现代时尚的基础。对三个设计师的研究表明，这种矛盾正是他们在塑造自己的公众人物时所关注的对象。

　　遭遇这样的矛盾不是偶然的，也不是被强加的 (尽管他们很可能是无意识的)，它们是巩固设计师身份的关键组成部分。身份的突显，本身就是一个更大的自我推广，也是时尚品牌营销的关键，尽管文本的不稳定性和模糊性可能有碍于企业的经营。正如佩内洛普·多伊彻 (Penelope Deutscher) 所言，"模棱两可具有构成性"。[16] 它可以直接揭示存在的状态、思想的产生、意识形态的构成；对此，不能仅仅理解为一种意义现象。也就是说，不稳定并不一定会动摇具有破坏性的性别文化的结构根基："没有理由认为，以不一致的方式揭露性别有助于消除人们的性别差异。"[17] 相反，这种不稳定性能调动理性的男性内涵。[18] 正是这一点，激发了我的思考：设计师复杂的、充满内在矛盾的自我表述对现代性中的性别结构有什么影响？在艾尔莎·夏帕瑞丽的案例中，常见一个真实的女性或女性形象，是她自己的女性气质，被并置在多种时间概念之中，构成了身份的断裂。因此，女性气质的概念是暂时性的，这就形成了这个行业一直以来的模糊性：艺术与商业，过去与现在，壮观与亲密。女性气质——隐喻地，如果有时以极其微妙的方式——被引述为行业矛盾的基础，这意味着什么？

伊娃·费德·基泰（Eva Feder Kittay）注意到"女人的活动，以及女人与男人的关系常常作为一种理解男人的隐喻"。在这些隐喻中，男人通过将世界表现为女人，以此来构建他与世界的关系，并将他与女人的关系比喻为他与世界的关系。[19] 这种认识凸显了设计师自我描述的本质（尽管人们常常认为，男人总是把女人当作别人来利用，这种说法受到了夏帕瑞丽案例的挑战，她是一个把女人当作别人来利用的女人）。把女性作为媒介，体现了时装设计师在与时间的关系中自我表现的利害关系。基泰认为，中介功能的作用，体现在一个"被同化的……概念领域，以及一个不同的、独特的，需要重新同化或重新概念化的领域，只有置于两者之间，才能被"理解"。[20] 换句话说，是女性点燃了男性的灵感。从时间的角度来看，借助"女性隐喻"，设计师能从过去和现在的可知领域进入想象的未来：一个不可知，但仍然对任何设计师的成功至关重要的时间域。女性是高度多变的，并承担了许多不同角色的调解人。有时，她的出现给生活在现代生活压力下的人们带来一种慰藉；她可成为人们逃逸的担保人。在这个意义上，女性的调解在现在和未来之间发挥作用——未来作为恐惧的场所，过去则是确定和慰藉的场所；但最终，女性会完全走出这种二元性，成为永恒。其他时候，女性的出现，大多作为未来的载体，因此，她们是设计师用来调解她或他与未来的关系的人物。它能被掌控、被渗透、被强制使用吗？在时装设计师的领域里，时间之间的矛盾运动滋生了焦虑的出现：时尚行业要求设计师同时关注现在、过去、未来和永恒，焦虑由此而生。这些女人成了这个复杂时代所产生的不安的隐喻。女性气质不仅是时间的重要标志，而且是焦虑时间的重要标志。[21] 正如罗伯特·史密斯（Robert Smith）所言，现代主义为失去一个坚实的目标而焦虑，为失去在时间序列后面的某种东西而焦虑。[22] 现代主义，对于追求新事物的能力有着强烈的信念，但是对于新事物却没有安全感。因为新颖性与知识或缺乏知识有关；它表明确定性的下降。如果某物是新的，必然是未知的。

对这些设计师的关注有助于我们看到，时尚的时间建构也体现在了西方文化背景下的知识建构，其特点是在多个方面日益分裂和迷失方向。设计师的自我表述表明，他们所引领的时尚潮流，被人们当作一个重要的症状，表现了人们对现代性的普遍焦虑。时尚承载着一种新兴的认知方式，这种认知方式是偶然的、变化的和不确定的。随着 20 世纪的到来，时尚界的视角变得越来越抽象和超理性。时装的橱窗展示、杂志的插图和摄影等视觉语言中的抽象主义（abstraction）[1]、极简主义 (minimalism) [2] 和超现实主义 (surrealism) [3] 元素，在 20 世纪 10 年代末的法国和 20 世纪 20 年代末的美国开始出现。从 20 世纪初开始，时尚就成为一种形式，体现在了社会生活中广泛存在的关于知识的各种问题和困境。从这个意义上说，时尚充满了矛盾。它的交易发生在抽象(不可知的、想象的)和物质（有形的服装）之间。

女性在设计师的自我表述中所呈现的角色反映了这种奇怪的双重

---

[1] 抽象主义：第二次世界大战后直到 20 世纪 60 年代早期的一种绘画流派。他们的作品或热情奔放，或安宁静谧，都是以抽象的形式表达和激起人的情感。——译者注

[2] 极简主义：第二次世界大战后直到 20 世纪 60 年代所兴起的一个艺术派系，又可称为 "Minimal Art"，作为对抽象表现主义的反动而走向极致，以最原初的物自身或形式展示于观者面前为表现方式，开放作品自身在艺术概念上的意象空间，让观者自主参与对作品的建构，最终成为作品在不特定限制下的作者。——译者注

[3] 超现实主义：超现实主义是在法国开始的文学艺术流派，源于达达主义，并且对于视觉艺术的影响力深远。1920 年至 1930 年间盛行于欧洲文学及艺术界。探究此派别的理论根据是受到弗洛伊德的精神分析影响，致力于发现人类的潜意识心理。——译者注

性。它们是移动的，可以表现为抽象和象征，也可以表现为具体和物质。对此，设计师的应用振荡在抽象化与物质化之间。在一篇关于启蒙哲学中女性角色的评论中，纳塔尼亚·米克尔（Natania Meeker）将女性气质的这种幽灵性质称为"非物质化物质"。[23] 非物质化物质的概念对于思考时装设计师自传写作所呈现的形象是有用的。设计师们从物质实体到短暂的抽象实体的转变永远不会停息。相反，这是一个不断重建的过程，当女性出于某种目的（比如作为模特或客户）需要时，她们的坚固性就会复活；当需要一种更具可塑性、更抽象的女性特质时，坚固性似乎就会被液化，设计师将从中获得灵感。

驾驭艺术 / 商业鸿沟

当然，这些思潮呼应了时尚界艺术与工业之间的基本张力。女性的身体是时尚交易的载体。设计师需要模特展示服装，需要客户试穿、购买和穿着。在这个意义上，女性气质的体现直接与商业价值联系在一起。空灵的女性气质与鲜活的女性身体是分离的，被设计师们作为他们工作的灵感源泉。这种缥缈的女性气质似乎与对美的永恒价值的理解有关；至少在表面上，它与审美的关系比与商业的关系更具体。当然，对于我们来说，理解这些文本的关键在于把握艺术和商业的紧密联系，两者不能分离，尤其在时尚界，更是如此。美学是商业成功的关键。这意味着女性和女性化的标志，也不能单独表现为物质性的或抽象性的。它们相互竞争，又相互交织，对深陷时尚领域的设计师来说，这些特征起伏不定。正如凯茜·普索米亚迪斯（Kathy Psomiades）所展示的那样，在维多利亚唯美主义的背景下，就艺术家而言，女性气质的双重表现是他们转移注意力的有效方式，不过，它与经济资本的血腥难脱干系。[24] 普索米亚迪斯提出的双重性，实际上是去物质化和再物质化的过程，在本书研究中，我们把它看作时装设计师女性化修辞所固有的表达。读到但丁·加布里埃尔·罗塞蒂（Dante Gabriel Rossetti）[1] 的诗"珍妮"，我们注意到诗中的她，作为一个出卖姿色的美丽女人，"珍妮将艺术和金钱并置在一个美丽的身体里……作为女人，珍妮既是出卖身体的妓女，又具有不可妥协的神秘灵魂……因此，珍妮既是可以占有的，又是不容占有的，她把这种双重性质赋予了她的身体形象。[25] 她时而具身，体现时限性，时而空灵，呈现永恒性。正如普索米亚迪斯的描述所显示的那样，这种双重性质耐人寻味。

事实上，表现形式的不稳定性非但没有破坏同一性，反而有助于加强设计师自我陈述的连贯性。例如，女性主义者曾问过，哲学文本中对女性的描述如何促进了一种强势的、超然的男性主体的创造，这种主体在公共领域中拥有独立的话语权和行动权。[26] 其问题包括：时尚中女性的不稳定逻辑——既现代又非现代——如何支撑了设计师的公众形象的塑造？这些表现如何促进了资本的积累和时尚产业的扩张？这些文本如何在将女性的反现代主义描绘成设计行业的诅咒的同时，将女性特质指定为行业发展的引擎？

在追求这种方法的过程中，艺术现代主义及其与商业的关系问题必

---

[1] 但丁·加布里埃尔·罗塞蒂（1828—1882）：出生于英国维多利亚时期意大利裔的罗塞蒂家族，是19世纪英国拉斐尔前派重要代表画家兼诗人，作品注重装饰主义。——译者注

然会浮现出来。因为现代时装设计是由前卫创新的主张推动的。在本书涉及的时尚发展时期，大多数高级时装设计师都明确认同现代主义者对新事物的迷恋，甚至制度化。[27] 事实上，与艺术家或作家相比，时装设计师对新事物的依赖更为明显，因为新颖性是时装销售的品质，也是时装设计师赖以维持生计的品质。在书中研究的三位设计师中，其中两位非常突出，他们是波烈和夏帕瑞丽，他们与现代主义创新有着根深蒂固的联系；他们都与当时杰出的实验艺术家们有过合作——例如，波烈与俄罗斯芭蕾舞团的合作，夏帕瑞丽与主要的超现实主义（surrealist）[1] 艺术家的合作，为此，她还赢得了先锋派（Avant-garde）[2] 艺术家的名声。[28] 对于迪奥来说，这种联系并不那么简单；他明确地否定了现代派的抽象主义，他的设计更明显地坚持对旧有传统的回归。但纵观他的自述文本，我们会发现，事实并非如此，他与现代主义的关系比表面上看到的要复杂得多。透过迪奥保守主义的主流叙事，我们可以看到，为了打造自己的品牌，构建新事物的话语，对现实主义，他确实有过直接参与。

当然，对市场和商业，艺术和文学现代主义持有公开拒绝的立场。但是，越来越多关于现代主义营销的文献表明，与这一立场相反，现代主义者对他们的作品以及广泛的现代主义的营销也不乏大量的资金投

---

[1] 超现实主义者：信奉超现实主义的艺术家。超现实主义是一种现代西方文艺流派。两次世界大战之间盛行于欧洲，在视觉艺术领域中其影响最为深远。致力于探索人类的潜意识心理，主张突破合乎逻辑与实际的现实观，彻底放弃以逻辑和有序经验记忆为基础的现实形象，将现实观念与本能、潜意识及梦的经验相融合展现人类深层心理中的形象世界。——译者注

[2] 先锋派：原本是法语词，译成英文即 front guard，advance guard，或 vanguard。人们经常用这词指涉新颖的或实验性的作品或人物，尤其是对于艺术、文化及政治的层面。——译者注

入。[29] 南茜・J. 特洛伊在《时装文化》一书中，对现代主义时尚的先锋革命和商业化的双重修辞进行了深入讨论。时尚业，无论披上多么厚重的外衣，标榜自己拥有超越商业的美学价值，即使在它最纯净的空间里，也难以遮盖其商业标志。特洛伊的描绘突出了设计师在工作营销中的中心地位，并强调了建立公众形象的重要性。通常，这涉及作为艺术家和艺术鉴赏家的设计师自身形象的精心培养；雅克・杜塞 (Jacques Doucet) [1] 和保罗・波烈等时装设计师都打造了具有高深艺术价值的收藏品，以此来树立自己的公众形象。[30] 时装设计师的自传写作应该被认为是一个非常重要的资源，是助推商业成功的激进思考。设计师和女性在现代或现代之外都有特定的位置，这是这种表达的核心。书中所追溯的是早期作为名人的时装设计师的话语，正如蒂茨娅娜・费列罗 - 雷格斯（Tiziana Ferrero-Regis) 所说，"他们善于利用媒体的关注，以及与其他名人 (如女演员、媒体和政治人物) 之间虚构的密切关系"。[31] 这清楚地表明，与他人的关系，包括作为模特、缪斯和客户的女性，是设计师塑造自我声誉的核心要素。

声誉、知名度和"专业"设计师

亚伦・雅费（Aaron Jaffe) 提出，在文学现代主义者看来，声誉的培养是一种投资活动。他写道，"现代主义价值的资本化……通过系统地贬低和抹杀许多其他文学作品，首先是其他现代主义作家的作品，然后

---

[1]　雅克・杜塞 (1898—1900)：法国时装设计师，以设计舞会礼服闻名，具有典型的唯美主义特点。——译者注

否认在阅读的多个场景和各种各样的文化接触中所遇见的作品"。[32] 如果我们将这种对现代主义声誉发展的理解应用于时尚研究，就会清楚地看到，女性是被贬低和被抹杀的对象——即使她们是设计师职业取得成功不可或缺的因素。女性气质作为构建设计师之身份的基础，无论他们是男性还是女性，对他们来讲，这个基础是永不固定的，因此，他们作为名人的公众形象遭到了广泛的质疑。设计师在本质上究竟是一个艺术家，还是一个商人？他们到底是连接消费者欲望（此处指女性的欲望）的渠道还是欲望的执行者，或者是一种支配欲望的力量？

这些问题涉及谁是时尚的主导者。时尚的美学和商业领域是由谁塑造的？谁是欲望和风格的制造者？是作为消费者的女性，还是设计师？通过阅读设计师的自我表述，我们可以清楚地看到，这个问题非常重要：随着时尚行业对消费者欲望的回应越来越多，设计师有必要展示他们对客户的了解。1914 年，设计师让·沃斯（Jean Worth），高级定制时装的先驱查尔斯·弗雷德里克·沃斯的儿子和继承人，曾哀叹，时装设计师作为风格方面最终裁决者的权威，受到了时尚迅速传播的威胁。他以怀旧的笔调描写了他父亲的时代——19 世纪 60 年代和 70 年代：

> 一切安排都在沃斯先生的掌控之中；因为，无论法兰西是帝国的，还是共和的，他都是位时尚的"无冕之王"。他老练的眼光能一眼看出什么样的裙子颜色和款式最能增强女人的魅力，女人们可以放心地把穿着打扮这件事交给他，而自己的所有心思都放在家庭事务、孩子养育和慈善事业上。[33]

让·沃斯在这里含蓄地表达了自己不同于他的父辈，他必须与现代女性斗争，她们对他有所保留，并没有放手去享受她们作为女性的追求。沿着这些思路，我们展开了书中的分析，因此这种分析可以被解读为对一个连贯的角色的研究，同时也是对一个至高无上、天生知识渊博的角色所进行的研究，其地位不会被快速工业化的领域里，竞争激烈的、女性的亲密知识所威胁。为了完成该书写作任务，选择分析设计师自传写作文体至关重要。他们的自我叙述呈现了一个有条理、有主见的自我，有助于在客户中建立自己的优越感。

因此，自传体作品有助于揭示设计师的专业地位。专业性话语出现于 19 世纪后半叶，主要涉及以学术知识为基础的职业制度化。从这个意义上说，表面上的专业性并不能准确地描述时装设计师的工作。然而，在这一时期，作为知识的看门人，某种类似专业的说法出现在时尚界。托马斯·斯特雷查兹 (Thomas Strychacz) 在文学现代主义背景下对专业主义有过深入的讨论，这是另一个远离专业结构和兴趣的领域。正如他所指出的，"这种专业权力制度化的关键是掌控专业知识的能力"。[34]

作为专业人士的标志，他们能够接触到只有特殊阶层的专业人士才能接触到的高深知识；"对于专业知识，大众是难以企及的，这是专业知识的一个关键特征"。[35] 换句话说，维持知识的分界线——维护商业秘密——对于保持专业人士的神秘感至关重要。安格内·罗卡莫拉（Agnès Rocamora）追溯了设计师在当代语境中的专业表现，指出知识对于构建设计师的专业性具有重要意义："在法国报纸上，时尚不仅被看作一门高雅的艺术，而且还是一种技艺，它的获得基于对传统知识熟练和深邃的掌握，它是一种只能通过经验获得的知识。"[36]

设计师在自传写作中的定位

自传体叙事形式聚焦了大师的专业性描绘——是一种自传写作——它是本书分析的主要对象。传统的自传体写作所依据的是一种连贯的自我逻辑，与之相伴的是跌宕起伏的失败或无常，显得赤裸裸。新一代的学者对自传写作有了不同的认识，更加强调独立的、不相连的"我"，突出其主导地位。[37] 根据马丁·丹纳海（Martin Danahay）的说法，"在18世纪末和19世纪初被称为'自传'的体裁取决于……个人主义的理想"。[38] 正如西多尼·史密斯 (Sidonie Smith) 和茱丽叶·华生 (Julia Watson) 所解释的那样，在其传统伪装下，这种形式的核心是一种叙事："他所表现的是启蒙运动的'自我'……与其他'我'相同，崇拜'个人''和'他者的独特性"。[39] 时装设计师的自传写作在某种程度上证实了这种自我模式。很明显，他们利用这种媒介把自己描绘成一个以大规模复制为标志的艺术家。也就是说，他们写作是为了保留自我完整性的概念，因为自我处于一个时尚系统中，对艺术和工业生产之间的关系感到文化焦虑，并为之困扰。

因此，设计师的作品需要体现他们的独特性。皮埃尔·布尔迪厄 (Pierre Bourdieu) [1] 对时尚领域的分析在这里提供了一些见解。布尔迪厄认为，时尚作为物件的价值并不在于物件本身，而在于时装设计师的"稀缺性"：

------

[1]　皮埃尔·布尔迪厄 (1930—2002)：当代法国最具国际性影响的思想大师之一，任巴黎高等研究学校教授，法兰西学院院士。布尔迪厄几近百科全书式的作品完全无视学科界线，从人类学、社会学和教育学到历史学、语言学、政治科学、哲学、美学和文学研究，他都有所涉猎。——译者注

> "创造者"形象的魔力是依附于一个职位的权威资本，这个职位本无任何权力可言。但是，如果其魔力的操纵者得到了权威授权，或者，更好的是，如果魔力的操纵者与这个权威者建立了某种直接联系，便能拥有他的魅力，得到他的认可。推动迪奥成功的动因是什么？不是作为生物个体的迪奥，也不是时装屋的迪奥，而是迪奥时装屋的资本，并且它（资本）只能是在单一角色的支持下运作，这个角色的扮演者只能是迪奥而非其他人。[1]

布尔迪厄的分析清楚地表明，设计师声誉构建具有重要性：它有助于他或她的设计公司生意兴隆。为了赚取利润，保持自己的地位和遗产，时装设计师必须坚持不懈地培养一种与财务兴趣无关的艺术修养，打造自己的独创性和天才感。设计师的回忆录提供了一个论坛，以展现设计师的个人天才形象。

然而，尽管设计师的写作，部分原因是为了维护对自己作为艺术家的理解，即使他们的写作是内省式的，这也是一个雷区，因为他们的回忆录必将成为大众市场的商品。商业回忆录的形式本身就可能损害设计师精心培养的艺术家和高雅文化鉴赏家的形象。朱利·瑞科（Julie Rak）写道，"为了出售他的自传，康拉德·布莱克 (Conrad Black) [1] 自己必须成为一种商品，对于这种商品的上市，他必须表现得好像他不是所谓的精英人士。[41] 尽管他们对商业投资与文化精英的关系感到焦虑，但回忆

---

[1]　康拉德·布莱克 (1944—)：加拿大传媒大亨。——译者注

录的撰写有可能把他们展现为普通的制衣人和商人。这种平凡性是非常必要的，20世纪的名人文化要求与粉丝的接触，因而，越来越多的作品将名人呈现为"就像我们一样"。作为精英的服装设计师与形式上的世俗本质之间存在着矛盾。瑞科进一步问道："对于一个面向大众市场撰写回忆录的作家来说，对其意识形态有所影响吗？或者更确切地说，当身份成为一种可以买卖的商品时，其主体会有什么改变吗？"[42]这对于身披盔甲的艺术家来说，无疑是一个破绽：为了通过回忆录获得声誉，他不得不放弃自己作为天才的神话。

考虑到设计师的兴趣，观察他们是如何连贯地把自己描绘成天才大师，这些文本中的不稳定性变得更加耐人寻味。尤其值得一提的是，文本中出现的女性形象，挑战了传统自传写作中的个人主义身份模式。这些文本对于塑造作者独特的天才形象，的确功不可没，特立独行，不受约束的自我与关系中的自我相互映照。一方面是独特且不受约束的自我的范围，另一方面是自我关系的范围，自我游离在这两种范围之间。这两种自我模式的联系是时尚写作非主流学派所关注的核心内容。自传体写作理论家西多尼·史密斯和茱丽叶·华生写道，自传体裁，无论是表演形式还是文本形式，都呈现了文化意识形态在矛盾、和谐和邻接中的交叉或融合。因此，该体裁形式充满了各种各样的潜在意义。[43]阅读这些文本材料，我们可能会对男性和男性气质有更新的认识，它们的存在与女性气质不无关系。

南希·K. 米勒 (Nancy K. Miller) 在一篇经典文章中这样写道："代表另一个人——不是我们自己的那个人，甚至是我们理解自己可能会成为的那个人——也能让我们表现出最真实的自己：成为一名艺术家，比如成为一个儿子或女儿。"⁴⁴ 米勒的表述强调了关系自我，在某种程度上，它似乎对单一个体的启蒙理想提出了如此强烈的挑战，但事实上，这种关系自我同时又对塑造叙述者的个性具有重要作用。不可否认，自我是在与各种他人的关系中建立起来的，这种关系结构非常重要。如果他者参与，然后被抛弃，或者如果与他者的关系被压制或否认，那么我们看到的画面将是自我的凯旋和异彩。关系自我框架的提出有二十多年了，许多女性主义者和其他批评学者对此做了大量的研究，它是一个非常有用的理论框架，但在使用时我们必须谨慎小心。不能将关系性当作一个必要的临界效应。即使在自我塑造的努力中对他人实施持续的、象征性的暴力，那么这样一个他者，对于我们认识那个作为叙述中心的、能力高超和独特的自我，仍然具有重要的价值。正如当代社会性别理论所指出的那样，我们必须认识到，"性别霸权的产生也源自男性和女性之间的关系"，⁴⁵ 我们看到，关系在现有意识形态的再生产中也是至关重要的。因此，在自我叙述中，关系维度的存在必须被视为两件事中的任何一件：一种是结构上的必然性，另一种是打开自我新理解的可能性，潜在性，换句话说，在这种情况下，特别是在涉及对自我的性别理解时，更是如此。在阅读这些时尚回忆录的过程中，我们似乎进入了一个在很大程度上，我们还尚未完全理解的领域，去颠覆传统的性别。然而，这些文本确实通过对矛盾描绘，揭示了女性气质与时尚之间的微妙关系、展现了一种非二元结构的关系，回避了该行业无益的刻板漫画，将其视为充满压抑或反抗的领域。

现代女性气质的再认识

事实上，书中涉及的文本能让我们重新思考一些关于女性主义的基本假设，即女性气质与现代社会的本质关系。因为当我们在描写 20 世纪上半叶的时尚市场时，我们所描写的正是女性身体形象的观赏性。正如阿比盖·所罗门－戈多 (Abigail Solomon-Godeau) 等人所主张的那样，从 19 世纪中期开始，随着影像复制新技术的发展，"女性作为观赏对象的意识更是得到了普遍认可……一方面是诱人的、可占有的女性，另一方面是诱人的、可拥有的商品，两者之间的关系不证自明。"[46] 正如设计师的作品所显示的那样，西方文化对女性形象的渗透是一个不均衡的过程。现代女性作为观赏对象的价值是不可否认的——尤其在时尚界——但它并不是一成不变的，也不是完全用于消费。正如自传文本所表明的那样，隐没女性的例子也是相当普遍的。在这些文本中，对女性间歇性的"非理性"的消费，产生了一个奇怪的效果，那就是她们能够让女性特质被人言说、保持缄默、受制于人，即使它具有引人注目的可见性，但其效果仍近乎隐形。可见性和不可见性在这些作品中的联系如此紧密，以至于它们几乎变得不可分割。因此，把握女性在现代社会中可见度的变化，有益于我们更准确地认识女性，在一个如此依赖可见性的时尚行业中，批判性地思考不可见性的运作可能更有意义。

克里斯蒂娜·布希－格鲁克斯曼 (Christine Buci-Glucksmann) 认为女性特质所表达的歧义是理解现代性的关键所在："女性可以描绘出现代性的某些场景，消极的或积极的乌托邦场景，这些场景与巴洛克（baroque）[1] 风格的空间非常接近，具有多重入口，其意义模棱两可，模糊不清。[47] 尽管布希－格鲁克斯曼关于女性的表述经常与女性身体联系在一起，但这种联系对她的论点来说并不是必要的；相反，她将女性气质视为一种原则或结构，以各种可见的方式贯穿于现代的所有场景。她在这里所说的两面性和模糊性，正是设计师自传中能找到的佐证：在同一时间内，女性气质的同时缺失和过度存在。这个表述的重要之处在于，它将所有表述中的女性特质视为现代性的关键，因此不会将女性特质的沉默、压制或缺失的情况视为无效或不重要。正是这些不可见的例子，照亮了女性高度可见的高光时刻，并澄明男性气质与现代性的关系。因此，对于否认和沉默现象，女权主义批评家不能仅仅提出指责——尽管这可能是一项重要的任务。更应追问，它们对于性别构成有何作用。

正如新的女性研究方法所表明的那样，女性气质不是一个单一的实体；关于女性气质的宽泛论断无法解释由种族、民族、阶级、国家、性取向和能力所造就的女性在个人经历和社会地位方面的巨大差异。[48] 书中涉及的研究反映了在设计师的自我表述所作的努力中存在着多种女性特质；事实上，这些女性特质反映在许多不同性格的女性身上。因此，当女性的多样性被当作一种关系存在时，它确实是暗含了一种意识形态，即使它被单一的、永恒的、女性的神话所遮掩。

当然，尽管书中所分析的女性特征存在明显的多重性，但我们所讨

---

[1] 巴洛克：此字源于西班牙语及葡萄牙语的"变形的珍珠"。作为形容词，此字有"俗丽凌乱"之意。作为一种艺术流派，注重外在形式的表现，强调形式上的多变和气氛的渲染，忽略内容的深入刻画和细腻的表现。其主要成就主要体现于作品充满韵律、量感和空间以及立体的丰富变化的效果，充满强烈的动势和生命力。——译者注

论的每一种环境都因其肤色和社会阶层而有所区别。从这个意义上说，女性化的范围是相当狭窄的，很多女性被排斥在外。当我们谈到设计师通过他人构建自我时，我们当然常常把理想中的女性当作关系对象。对于那些没有获得时尚优雅所要求的昂贵服装和生活方式的人来说，这是不可能实现的，对于非白人女性来说，更是不可能企及的——在书中三个设计师生活的年代，非白色人种的女性在高级定制服装体系中几乎完全不见踪影。此外，每个设计师都时常使用殖民比喻来表述自己，把自己比作殖民的主人。这强调了白皙性不仅是女性的理想，也是设计师的自我表现，他们希望通过这种女性理想来彰显自我。

本书的写作方法

由于书中关注的三位设计师都非常有名，关于他们每个人都有相当多的文献，尤其是关于迪奥的文献更是丰富。不过相关领域的大多数文献不具学术性，更多的是流行传记或展览目录——尽管有些展览目录，如来自大都会艺术博物馆 2007 年波烈的展览目录，确实以学术性著称。[49] 也有一些学者关注迪奥，特别是他本人在战后法国文化变革中所扮演的角色，以及他在为妇女解放或受压迫概念设计中所表现的重要性。[50] 然而，这些写作的大部分都是作为其他历史或文化理论著作的旁系。最近，亚历桑德拉·帕尔默 (Alexandra Palmer) 写了一篇关于迪奥的权威学术分析，文章插图丰富，通俗易懂，[51] 对本书的写作产生了重要的影响。除此之外，本书的研究方法还受到了卡洛琳·埃文斯 (Caroline Evans) 对夏帕瑞丽的研究 (如上所述) 的影响，当然还包括对

波烈的妻子丹尼斯 (Denise) 的相关研究，其影响还包括南茜·J. 特洛伊开创性的著作《时装文化》，书中特洛伊对波烈进行了详细的分析。[52] 这些学者的研究大多聚焦分析了名人设计师与使他们成为名人的文化、意识形态和制度条件之间的关系。

与许多时尚研究不同的是，在许多方面，本书研究的主要对象并不限于时尚本身；相反，时尚是一个丰富的、令人信服的中介，涉及女性与现代性之间的关系等更大的问题。由于时尚将短暂的时间与女性的主导外表并置，因此时尚更能突显一些在性别化的现代性中被遮掩的东西。但外表并不仅仅意味着视觉上的存在。本书既不研究时尚对象，也不研究时尚的视觉文化，而是注重文本的挖掘。在引人注目的视觉时尚文化中，这种方法很少有人使用，[53] 虽然时装设计师是通过他的材料和标志性的痕迹——遗留下来的服装和图像——而不是通过他的话语来形成记忆的。但是，聆听设计师们的讲述，就会发现时尚是一个对我们分析性别现代性很重要的领域，迄今为止，在很多方面都未能引起人们的注意。毕竟，在《时尚体系》(*The Fashion System*) 一书中，罗兰·巴特（Roland Barthes）[1] 认识到他所谓的"形象服装"和"文字服装"之间存在一种深刻关系，这两种服装被重新包装，体现在材料服装中。[54] 对巴特来说，时尚写作实质上产生了更大的时尚系统：服装是一种"固有话语"的实现。[55] 自 1967 年他写下这部重要著作以来，这一观点在很大程度上被忽视了。我们认为，本着巴特关于服装工作的精神，时尚

---

[1] 罗兰·巴特（1915—1980）：法国作家、思想家、社会学家、社会评论家和文学评论家。著述丰硕，曾著有《大众神话学》（1957）以及《埃菲尔铁塔》（1964）着重论述流行文化背后的符号学意义，例如广告、时装和摔跤经济等。——译者注

的文字元素和视觉维度一样重要，它确实可以阐明视觉维度的效果。

　　一方面，设计师的自传写作使他们成为时尚系统中一个引人注目的签约代理人。然而，这个人物的出现位于消费导向分析的中心，因为这些回忆录旨在描述时尚并向客户推销，同时阐明消费主义视觉和材料文化背后的那个时尚形象。这种时尚写作——无论出自设计师自己，还是出自媒体报刊——必然都是相互关联的，将生产者和消费者、"主人"和"仆人"（用许多现代时尚写作的语言来说）置于对话之中，揭示出他们之间的相互依赖。这种关系很难在忽视时尚书面文本的分析中捕捉到。同时，时尚作品也为西方现代都市女性的描述增添了质感。如果我们只关注时尚的、壮观的视觉效果，那么我们就不会那么容易地辨别出女性在现代文化中所表现的两种方式：显和隐。恰如莱尔德·欧茜·波雷丽（Laird O'Shea Borelli）所指出的："围绕时尚所创造的故事续写着时尚的美"。[56] 书面时尚的叙事结构比时尚视觉形象的叙事结构更容易理解、更连续、更少碎片化和断裂。时尚写作的话语很容易与 20 世纪上半叶关于女性的更广泛的文化叙事联系起来——这方面，它明显强于视觉话语，没有刻意追求不透明性。

　　书中分析的主要文本，集中在这三位设计师的自传写作，对它们的阅读分析，我采用的方式是，从他们身上向外阅读，希望理解他们在话语表达中所处的位置。同时通过对其他媒体的仔细研究，帮助我确立设计师的话语基调，据此，发现他们如何在自己的书写中保持自我定位。我在阅读这些文本时，与一系列以时尚、女性气质或现代为对象的文化和女性主义理论保持着对话，试图揭示这些理论之间的共性所在。我把这些主要的文件从背景中分离出来，研究"真实"的女性和抽象的女性气质之间的张力：她们在哪里出现，与设计师有什么关系？当女性气质被提及时，它意味着什么？它与文本中描述的活着的女性又有什么关系？当然，在我对女性和女性气质的分析中，我也关注了她们对时间的理解，询问她们被归为什么时间范畴，以及在不同的背景下，它是如何变化的。以时间作为透镜，通过它来了解女性气质，打开了一系列其他问题，从秘密到魅力，到灵性再到美学哲学，这让我们把对这些不同问题的探索，作为孕育现代性观念的场所。

　　该书主要关注的是女性和女性气质的关系特质，包括女性与男性气质的关系。女性气质是相互联系的——设计师的女性气质，是如何在夏帕瑞丽的公众形象中体现的——当然包括对波烈和迪奥所体现的模糊男性气质的关注。正如基泰在上面提到的关于女性隐喻的讨论所表明的一样，把女性作为隐喻是实现自我的一种有效方式；从本质上讲，这些隐喻可以帮助设计师在多个、不同的、有时甚至是相互对立的时间域之间进行探索调解，以保持商业和美学上的可行性。因此，文本的仔细阅读不仅旨在理解这些人物如何构成女性气质，而且还旨在理解它们如何以同样的方式，有说服力地建构出男性气质。

　　在对设计师的关系性和网络品质的关注中，该书的分析受到了布尔迪厄文化社会学的启发。他写道，文化产品的社会学必须把艺术家的整个关系网作为研究对象，包括相关的客观因素和那些交互因素，关注艺术家和其他艺术家之间的联系，除了它们之外，还得关注整个生产过程中的所有代理，或者，至少还得关注作品的社会价值。[57] 布尔迪厄认识到，时尚领域的象征价值远远超出了设计师的范畴，这是大多数时尚个人研究都没有探讨的现象。在他的框架下，我们可以认真考量客户的角色，甚至包括想象中的女性在时尚价值生产中的角色，并将主要时装设计师的关系确立为一种确保或维持声誉的方式。

以这种方式阅读时装设计师的回忆录是不寻常的。时尚评论家们似乎与这些作品有着矛盾的关系。值得注意的是，这些著述经常被称为设计师的流行叙述的主要证据；评论家们自由地引用他们的话，用他们叙述的情节和心态作为判断设计师的基础。然而，他们并没有对自传写作这种体裁有过深入的考量，也通常没有对这些为大众而写的文本进行过严肃的反思——这些文本大概是根据读者的需求和兴趣精心设计的——作为他们的主题的"真实"呈现。一个重要的例外是卡洛琳·埃文斯在 1999 年写的一篇关于艾尔莎·夏帕瑞丽的文章。在这篇文章中，她将夏帕瑞丽回忆录的复杂性与她设计的服装结合起来，阐述了二者作为艺术形式的关系。[58] 在这本书中，回忆录也被视为一种艺术形式；它是设计师塑造自我和战略呈现自我的基本支柱，而不一定是自我的准确呈现。

设计师自我塑造中的真相与真实

文本与时尚的商业活动密不可分，显然跨越了回忆录和广告之间的界限，要对这样的文本进行分析，无疑是在蹚过可信度这片浑浊的水域。我们如何从这些文本中解读出每个设计师生活的叙事"真相"？答案是，在这里，重要的"真相"是一个公共角色的运作和管理的社会真相。这改变了关注的对象。这些设计师的描述是否"准确"地反映了设计师的生活状况并不重要，因为这项研究已经假设，留给我们的唯一痕迹是对自我的公共管理。正如安德鲁·托尔森 (Andrew Tolson) 在另一个场景中所描述的那样，"这不仅仅揭示了一个重要的"真实人"，它还揭示了如何成为名人的一种方式，这是一种通过规划和遵循一个具有自我意识的个人项目来应对名人压力的方式。"[59] 因此，我们对问题的关注有所改变：在对自我进行叙述和呈现时，设计师做了什么选择，这些选择的意义是什么？

然而，必须承认的是，这些回忆录的出版都声称其内容的真实性。那么，它们与真实性这一范畴的关系是什么呢？随着工业现代性的发展，真实性这一范畴日益引起共鸣。正如研究名人的学者所指出的那样，自 20 世纪 30 年代——第一批名人传记出版以来——名人文化依赖于这样一种观念，即公众可以通过报刊走进明星的真实生活。[60] 这意味着，除了时装设计师自我的所作所为，文本也是了解其真实性的重要渠道。理查德·戴尔 (Richard Dyer) 曾以他所称的"真实性的构建"为题，发表了一篇如今堪称经典的文章，文中指出，种种迹象"表明明星与他在屏幕上看起来的形象并不一致，这种差异有助于增强明星形象整体上的真实性"。[61] 设计师回忆录的描述往往基于公共自我和私人自我之间的分裂，使用多种强化方式，让读者深刻认识到，从某种意义上说，设计师的名声是不受欢迎的，与他们的"真实"个性不相一致。库尔特·柯纳特 (Kirk Curnutt) 探讨了名人的普遍观点，即名声是对他们自由的一种限制，这种观点强调了名人被包围的真实自我。[62] 这种分裂的自我滋生在公众可触及的表面，或藏匿在内部深渊，对于设计师的认识，具有重要的价值。

他写道："坚持认为公众身份不能准确地代表内心的'我'，这是艺术家独有的一种认识。"[63] 也就是说，即使公众对艺术家的名声颇有微词，但其艺术完整性不会因此而受到损害。对于时装设计师来说，这是一个特别重要的观念，因为时尚在技巧和商业之间占据了不稳定的位置。真实自我的叙述在这个行业尤其重要，因为它提供了一个屏障，防止将时尚贬低为纯粹的商业企业。因此，真实性对设计师来说是一个重要的概念，特别是因为时尚所涉及的历史性关系。时尚等同于女性特质的谎言或欺骗，这是一个相互关联的二元链条，包括真实性和技巧性的性别对立。时装设计师可能会被怀疑为肤浅的人——这是由于他们所处的社会位置所决定的。一方面，他们需要阐明时尚所赋予的自我（技巧）表现；另一方面，也必须表明他们自己是真实的、可靠的。对他们来说，真实性表现有很大的风险，对于时尚服装毁誉参半的技巧性，设计师们付出过大量投入，一时很难摆脱它们的玷污。

这里，再次提出了女性的问题，象征经济中的"技巧"构造，促进了这种二元论。如果设计师需要加强他自己的真实性，势必需要削弱时尚的技巧性，以保持其完整。除了那些已经与这种欺骗联系在一起的女人外，还有谁更适合接受这种技巧呢？女性气质被证明是设计师时常使用的另一种关键关系。这种思考恰好证明女性气质的关系问题对于设计师来讲，至关重要。女性作为一个类别，承担了维系时尚产业健康发展所必需的重任，对此，设计师是无法承担的，否则设计师就得自行遭受技巧负面内涵的煎熬。在这里，我们有了另一条线索，可以证明女性在设计师整个人生写作中的矛盾定位。她们既是著名的时尚偶像，又是缪斯女神，同时也是虚假的载体，设计师可以借此提升自己作为真正艺术家的地位。

然而，似乎有一大堆激动人心的理由，激励着三位设计师撰写自己的回忆录。但值得注意的是，他们的写作并不出色，其叙述组织得很奇怪，有的收尾笨拙，技巧僵直，不妨读读夏帕瑞丽和迪奥的案例，在他们看来，写作的目标并不是追求作品写作的精湛。虽然这些文本无疑不能脱离其商业背景，但它们对于作者的设计公司来说是否具有价值，也值得考量。事实上，波烈和夏帕瑞丽写的回忆录是在他们的公司倒闭后不久写的；从这个意义上说，他们不能被理解为试图巩固自己的商业成功。是什么兴趣促使设计师撰写这些文本？

我认为，这些回忆录显然是在试图打造一种怀旧品牌，为每位设计师留下一份持久的遗产。在这方面，波烈的写作尤其引人注目——他在五年内出版了三部自传作品，这表明他对自己的记忆有着一种奇怪的追求（如果不是令人惊叹的自恋的话）。就夏帕瑞丽而言，她没有给读者提供他们所期望读到的东西——关于时尚行业和她的客户的大量而深入的细节——而是把注意力集中在那些可能不那么引人入胜的内容上。迪奥的作品在他出道十年后出版，那时他仍然统治着时尚界。因此，他的回忆录并不仅仅是为了盈利，更有可能是为了开启他自己的纪念。在真正的时装设计师和不真实的时装之间创造出距离感，这是这种写作所追求的动力，无疑是时尚遗产构成的重要部分；正面遗产的创造和保留要求设计师具有坦诚和诚实的品格，只有这样，作品才能变成永恒，正面遗产对时尚和持久的时尚，无论从什么角度讲都具有深远意义：需要建立卓越的名声。李奥·布劳迪（Leo Braudy）对名人文化背景变化的历史演变进行过专门的研究，他指出，对于名人来说，"'渴望不朽'……是一种摆脱当下束缚的努力"。[64] 在这里，我们可以看到在设计师的自我塑造中，他们对时间性的交叉关注，并揭示了艺术与商业的紧张关系。设计师知道，他自己不可避免地被束缚在日常时间——这取决于他的生计的节奏——但却不时地寻求逃离这个大舞台，进入纯粹的艺术职业的文化安全。设计师知道，为了生计，他们自身不可避免地受制于日常的时间节奏，但他们却时断时续地寻求从这种单调乏味中解脱出来，进入纯粹艺术生涯，获得文化上的安身立命。

综合各种因素，可以看出这些书对设计公司并无真金白银的价值，这些复杂的文本，对它们来讲，可能具有多种潜在动机和用途。这些文本表达了一种叙述的冲动，其写作质量堪忧。除了巩固其遗产的作用外，这些作品还可以告诉我们设计师的话语定位。这些不稳定的文本，如果放在一起阅读，我们可以发现在设计师所居住的环境里，充满了焦虑。虽然这些书的主要功能是纪念性的，但为了吸引传统文化受众，设计师（就像这些书一样）也必须尽力避免支离破碎的叙述，保持一种连贯的方式，更有效地揭示他们所谓的"角色"。因此，在现代主义之后，在时尚行业艺术和商业融合冲突的背景下，文本的不连贯性并不是对每个时装设计师某些事实的明证，而是对设计师所面临的普遍状况的写照，表现了对技巧和真实性二元论的担忧。[65] 虽然这些作品并不一定捕捉到设计师与女性的真实、生活关系，但它们更广泛地揭示了女性和女性气质在设计师的自我叙述中所发挥的中介作用。这些文本所折射的"真相"，反映了一种不可避免，且令人不安的紧张，即设计师受到了商业性和美学性的双面夹击。这些作品的背后隐藏着一种叙事力量，希望寻找一块飞地，摆脱这种双面夹击。这就是为什么女性和女性气质会成为一种中介对象，饱和存在。

自传写作作为一个论坛，特别适合时尚传播。对于个人和集体身份的投射和管理，时尚这个场所复杂而模糊。它可以为个人身份提供伪装和展示的多种机会，对集体也是如此。与时尚一样，自传写作既可以表达又可以隐藏人们的身份，是揭示自我内在多样性的有效形式。就时装设计师而言，这种矛盾的自我表现，不一定要求对主观生活进行完整或完全"真实"的描述，但它能提供对这些人物的社会和文化压力的一种解释，这种压力迫使他们以特定的方式进行识别，并与他人建立联系。在这方面，自传写作与时尚表达有一种天然的相似之处，这使得它成为一个传播时尚的理想论坛，能捕捉到高级时装设计师特有的身份表达方式。

同时，时装设计师角色的摇摆与矛盾也在回忆录结构形式中得以展现。自传写作作为一种体裁，能很好地回应时尚带来的特殊的时间性压力。这是因为自传写作也以一种非常类似于时尚的方式，将现在和过去结合在一起。回忆录或自传是一种使主流的现代线性时间模型复杂化的形式，因为它不仅仅描绘纯粹的过去。相反，这种体裁模式是根据现在来叙述过去。正如延斯·布罗克迈耶（Jens Brockmeier）所称的那样："每当讲述我的生活时，我总是不可避免地从故事的结局或现实的角度来关注它。"[66] 罗克韦尔·格雷（Rockwell Gray）认为，自传反映了主人公在自我叙述中对时间并置的深刻焦虑。[67] 格雷认为，自传写作作为调和多个冲突时间标记的产物，部分表现了"一种保持时间飞逝的冲动"，从而"为自我奠定基础"。他还认为这种形式"戏剧化地表现了我们对过去的二元态度"，也表现了我们对现在侵入的认识。同样，对时尚的理解，也可以使用这种有效的方式——它的循环结构照亮了过去对现在的访问，消除了线性叙事的束缚。

书中讨论的内容不是任何传统意义上的历史。更确切地说，它是对相关文本和它们所表现的短暂性的一种更细致的阅读。大多数时尚设计的历史研究都转向外部分析，将服装置于更广泛的文化语境中，而本书的分析则将时尚文本作为一种向内探索的修辞话语，借此填补和丰富这些设计师所经历的、微妙的时尚历史。然而，这种方法并没有将文本从上下文中抽象出来，反而强调更细致的文本阅读。事实上，在许多情况下，这些作品在其出版的时期就被当作时尚修辞的象征。引人注目的是，在设计师的自传写作中，更广泛的时尚文化结构被内化其中，得到个性化的表述，这些作为中介的文本向我们展示了，作为杰出的现代人物的时装设计师所获得的地位。因为，如果我们了解设计师作为现代偶像所承受的压力，我们就可以很好地理解其他现代偶像，如女性，在现代性景观中发挥的作用。

此外，在严格遵循文本的情况下，很明显，这些作品与当代现代主义研究中诸多流派的批评理论形成互动对话。作品可以相互阐释。时尚自传写作，在某种意义上，检验了批评理论的相关假设，提供了一种可能性，尝试着将相对抽象的理论应用于案例研究、叙事和生活研究。这些设计师表述生动的语言，为我们理解现代性和现代主义理论提供了有益的理论思考。

将这一定义宽泛松散的理论用于描述星座中的时尚瞬间，我们可以看到，时尚的意义远远超出了其相对狭窄领域中的共鸣和含义。它能为我们阐释一系列更为广泛的问题提供思考，比如现代性的时间结构，以及女性气质、女性身体与现代人的关系。通过女性和女性气质的讨论，时尚能够反映现代主义研究领域研究所关注的中心问题：现代主义名人的问题，现代主义文化圈中艺术和商业之间的关系问题，以及围绕这种关系展开的意识形态争议问题。时尚为我们提供了新的可能性，能让我们同时关注当地的物化的现象，关注人，关注这一时期更广泛的认知结构，以及所有这些对我们当下定义评论家所包含的意义。通过对迄今为止仍被忽视的设计师的自传写作的挖掘，本书希望丰富现代主义研究中的批判性对话。通过将时尚带入这场对话，增加我们对时尚的女性化和琐碎化形式的新认识，并将其作为现代性的核心。

第 一 章

时尚与现代女性气质的
时间性

在早期现代性研究中，人们发现对新事物的迷恋是 19 世纪晚期和 20 世纪的普遍现象。那个时期人们对进步怀有崇尚之心，相信进步具有支配力量，这种崇尚被通俗地描述为对新事物的迷恋。这种现象在艺术实践中也很明显，为了求新，艺术家们勇于展开各种实验，表现出对新经验、新视野的渴望和表达。对此，工业中的表现也很明显，工业化生产和新技术的消费为生产力的发展提供了新的驱动。然而，正如女性主义理论家所表明的那样，将女性排除在新类别之外，甚至反对她们加入这一新类别的趋势在艺术、政治以及社会和文化理论中很普遍。[1] 19 世纪中叶左右，人们对女性的排斥，强化了当时的主流意识。[2] 在这个时期，现代性已经高度性别化了。

当然，与新奇崇拜背道而驰的逆流是存在的。它们特别迷恋一些退化现象，尤其在 19 世纪的最后几十年里，这种现象特别盛行。按照它们的逻辑，把女性排除在新事物之外，包括它们自身也不在新事物之列，这些死气沉沉或堕落的概念模型本身通常被视为女性气质。[3] 迄今为止，大多数学者和文化历史学家倾向于将追求新事物和坚守传统的主张视为两个完全不同的思潮，具有不同的传统。然而，有大量关于时间研究的理论著述避免了这种将时间性的两种理解分开的趋势——线性的，强调进步为导向的，以及停滞的、呈现周期性的或退化的。相反，这些研究却关注它们的相互依赖性。很多女性主义理论家，她们热衷于挑战现代性解释中持续存在的男性主义，对于她们来说，这种反对新旧对立的举措似乎有望纠正将女性排除在这些解释之外的偏差。

在《时间的政治: 现代性与前卫》(*The Politics of Time: Modernity and Avant-Garde*) 中，彼得·奥斯本 (Peter Osborne) 写道，"现代性是一种历史时间形式，它将新事物视为不断自我否定的历史动态产物……。在无情地生产旧的和涌现新的过程中，激发出传统主义的形式，其逻辑与传统上所说的完全不同"。[4] 在这里，奥斯本间接提到了人们熟悉的新旧二元关系，即过去和现在完全无关的信念。托尼·迈耶斯(Tony Meyers) 称之为"划时代的自我意识"，[5] 现代性被定义在这种对立之上。但是，尽管奥斯本所指的"新"是建立在与过去彻底决裂的基础之上的，但它永远不可能完全摆脱旧的；也就是说，它从来都不是全新的。相反，它因与旧事物及其过去拥有不可动摇的关系，因而受到来自内部的挑战。[6] 这种对新旧二元结构的违反是沃尔特·本杰明等学者仔细研究的主题，他们挑战了现代性坚持的单一时间叙事的维度，否认以进步为单一导向的认识。这些文献坚持认为，现代性中过去与现在之间的各种关系孕育着政治变革的种子。[7]虽然这些研究表现出对性别问题明显的关注，但要想借此完成性别研究的理论化建构仍是困难重重。

现代女性与时代有紧密的关系，然而，女性主义理论可能感兴趣的是，在时尚星座中体现的过去和现在。当然，历史学家已经表明，正如我们今天所知，时尚是一种明显的现代现象，它的兴起源自具有现代标志的资本主义的发展。[8]那么，人们可能会说，现代早期为催生现代时尚提供了可能性。或者，正如吉尔斯·利波维茨基 (Gilles Lipovetsky) 所说：

> 新奇，作为前所未有的社会价值，开始广为散发。如果没有这种与历史演变和昙花一现的关系的逆转，时尚就不会存在。时尚的出现，人们必须接受和渴望"现代"；相信现在一定比过去更有声望；在前所未有的举措中，人们开始了对新颖的事物进行有尊严的投资。[9]

但正如沃尔特·本杰明和他的几位评论家所认识到的那样，时尚与现代性之间的关系远不止于此。[10]事实上，时尚与现代性本身具有相同的时间结构——或者，至少，与现代时间意识模式一样。安德鲁·本杰明 (Andrew Benjamin) 声称时尚与"特定的历史时间观念密不可分"，并建议，出于这个原因，应该把时尚独特的时间节奏看作"文化建设的一部分"[11]。因此，可以公正地讲，这种形式与现代性本身有着相似的政治利益，甚至令人惊讶的是，具有同样的革命性。评论家提出的关于时间的现代品质的问题——关于新与旧的秘密浪漫，关于在永恒循环、退步和退化面前"进步"的失败——与制衣时尚有关吗？时尚具有不可否认的物质性吗？时尚是建构现代理论的物质基础吗？

对这些关于时尚在现代性中的时间地位问题的思考，我们不得不厘清现代性的性别特征。因为时尚本身具有高度的性别化，从 19 世纪早期开始，它的发展越来越多地与女性气质的表现和作为消费者的实际女性联系在一起。[12] 从某种意义上说，这段历史有助于我们对女性形象和现代性的重新认识。通过反思修正过去和现在的二分法或对立定位方法，能更好地认识革命时期的时间意识的特征，通过时尚可以开启对女性现代性思考的一种新的可能性。找到摆脱现代女性定位的新出路。关于现代时间的讨论是女性主义理论所关注的一个重点，时尚确实可以为理解现代性时间的政治提供依据。事实上，时尚这种高度女性化的媒介使我们能够将 1860 年至 1940 年的时间意识视为性别化的过程。它以四种方式推动着我们对现代性的认识。首先，它让我们思考那些强调新事物以及与现在和未来密切联系的意识形态是如何通过排除女性的象征领域，实现在定义现代的可能性中剥夺女性的公民权利的目的。其次，时尚不是简单地让女性进入新的领域，而是挑战新与旧的传统、挑战现在与过去的概念对立，揭示女性排斥的基础。再次，时尚促成了主要的女性主义理论叙事的复杂化，该叙事倾向于支持女性被绝对排除在现代概念之外的解释，事实上通过时尚展示的大量例证，能显示女性所表现出的典型的现代性。最后，时尚不仅可以向我们展示现代时间的性别特征，还可以在日常生活中得以实践、感受和物质体验。本章考察了时尚的这些潜在作用，以讨论女性主义理论所描绘的现代性和时间性，把我们带入一个关于现代时间结构的更广泛的对话中——这种对话在很大程度上一直排斥这些话题。从这个意义上说，时尚讨论有助于艾米丽·阿普特 (Emily Apter) 所称的"成为女性主义者"的口号成为时间理论本身。[13]

展示现代性

彼得·奥斯本问道："现代性铭刻了什么样的时间？"[14] 他写了一本书来回答这个关于现代性的时间特征问题，对这个问题的回答只是他思想体系中的一个小部分，但却是他研究的重要基础。这些文献确立了现代时间意识的研究对象是它的反射性：现代是人类历史上第一个能够认识到自己是一个时代，并在面向未来开放的同时将自己与早期时代（过去）区分开来的时代。[15] 知识分子历史学家莱因哈特·科塞莱克 (Reinhart Koselleck) 将时间意识的流变追溯到近代早期和宗教世界观的崩溃之时。他解释说，在 15 世纪，"教会终结了霸权，让位于政治：政治家们关心的是暂时的，而不是永恒的"。[16] 在 17 世纪下半叶，人们回望历史时，可以定义过去为中世纪的……从那时起，人们就生活在现代性中并拥有了现代意识"。[17] 划时代的自我意识迎来了革命时代，拥有面向未来的可能性。因此，信仰转变的一个关键结果是对未来感的变化，现在不再受不可避免的末日的预言和永恒的应许所支配，而是打开了一个新的"期望视界"。其中包含着由人类关注形成的任意数量的选择结果。简而言之，未来意味着可能性、选择性。

科塞莱克的概述建构了过去和未来的概念，把两者确立为截然不同的、对立的时代，这与流行的，被我称之为"当下政治"（politics of the present）背道而驰。这种当下的政治——新的或现在的，正如许多人所知道的那样——这与大多数当今的思潮有关。建立在线性的、具有历史进步含义的概念之上的，能对当下意义做出连贯性的解释，有时具有否定甚至压抑过去的倾向。当然，在进步的叙事中，与未来的关系并没有那么紧迫。事实上，正是这种与未来的关系确保了事物的发展，保证了时间的变化，现在不仅是现在，而且是一种新的现在。正如尤尔根·哈贝马斯（Jürgen Habermas）[1] 所说，"因为新世界与旧世界的区别在于它向未来敞开了自己的大门，划时代的新开端在每一个诞生新世界的时刻都保持不变"。[18] 面向未来的演进，成为现在的乌托邦式终结或目的。然而，正如托尼·迈耶斯所指出的，对现在的迷恋和对未来的渴望滋生了某种焦虑："旧事物只是作为昨天的新事物而存在，因此是过去时代的旧事物，注定会消失，现代性以此来衡量它的新事物。在这种情况下，现代性并不注重它对其他时代超越的具体指标。根据这种解读，现代性永远对自己感到不自在。[19] 现代性压抑或至少焦虑地掩盖过去和现在接触的方式，并对其自身不同时代的话语提出挑战。因此，现代性的时间结构受到与过去（甚至与记忆）的混乱关系的困扰，这对进步的叙事提出了挑战。[20] 现在与过去之间的密切关系一直是历史研究重点审查和重新理论化的主题。这是继沃尔特·本杰明之后的唯物主义者所坚持的方向。本杰明重新绘制了与时间相关的批判导图，这使得批评家能够探索甚至拥抱革命的政治利害关系，革命本身就是一个对立的时间范畴，因

---

[1] 尤尔根·哈贝马斯（1929— ）：德国当代最重要的哲学家之一，是西方马克思主义法兰克福学派第二代的中坚人物。由于思想庞杂而深刻，体系宏大而完备，哈贝马斯被公认为"当代最有影响力的思想家"，被称作"当代的黑格尔"和"后工业革命的最伟大的哲学家"，在西方学术界占有举足轻重的地位。——译者注

为它的前提是完全推翻过去以服务于更新的时间。

本杰明在讨论时间性和时尚的认识时，提出了辩证形象（dialectical image）[1] 的概念化。他认为这是一种视觉政治的闪现，能揭示诸多关于社会世界的真相。辩证形象在《拱廊计划》（*The Arcades Project*）[2] 中得到了最充分的体现，本杰明解释说，辩证形象源自一种特殊的观看方式，这种方式是由 19 世纪巴黎的各种特征产生的，包括商场、铁艺装饰、新艺术运动和时尚（虽然辩证形象的概念也出现在他的其他一些研究语境中）。对于本杰明来说，辩证形象具有打破公认的历史意识的潜力。它们是过去和现在的星座。它们的出现会中断社会世界未经审查的再生产。中断会破坏历史叙事的连续性和渐进性。当然，中断的概念是理解现代性的核心。它恰当地描述了在现代性描述中占主导地位的日常生活的狂热节奏。本杰明的中断概念与此不同；用彼得·奥斯本的话来说，他的目的是通过"从故事到图像的转变"将现代性的中断节奏重新定义为救赎。²¹ 辩证形象拒绝现代性在新和旧之间的二元区分。否认现代和传统的对立，强调过去和现在的闪电般融合的感觉，通过惊醒和唤醒大众而产生中断，促进革命。重要的是，这些图像允许打破一个死循环——它们准备从工业资本主义特征的无休止的周期性重复中退出。

正是在这里，我们与时尚问题，以及女性主义理论和女性表征问题不期而遇。将时间视为永恒循环的观念和将时间视为一种中断力量的观

[1] 辩证形象：本杰明提出的一个重要概念，强调形象的本质不是包含在图像本身，而是建构在对象与感知者的关系之上。因此，辩证形象关注的是图像观看的方式，而不是图像本身。——译者注

[2] 《拱廊计划》：本杰明最早于 1926 年开始笔录，1940 年自杀前完成收录整理，该著作被认为是心理地理学的著名文本之一。这是一份记录了 19 世纪巴黎购物中心生活、漫游和写作的语录、描述、摘录和观察，创建了一个文明的碎片数据库。——译者注

念，都促使人们重新思考过去与现在之间的关系。这是一个关键问题，它充斥着现代话语，而现代话语在很大程度上拒绝了过去在现在中发挥有意义的作用——话语也将女性排除在现代概念之外。

女性、女性主义理论和现代时代

在《历史的终结》（*The Ends of History*）中，克里斯蒂娜·克罗斯比（Christina Crosby）清楚地说明了现代文化中女性时间讨论的重要性。虽然她对时间问题的讨论是基于 19 世纪的文学和历史文本的分析，但她所定位的主题能广泛适用于研究具有现代性的新兴文化，以及它的时间意识。她在书中发问，当历史开始被视为"秩序和意义"的宝库，取代神学成为真理的场所时，会发生什么？ [22] 书中她有一段长长的引述，强调了她所追踪的时间意识的利害关系。在维多利亚时代（Victorian era）[1]，

> 女性与英国资产阶级的白人男性生活最为亲密……因此维多利亚时代对"女性"痴迷，十分关注她们的本性、功能、才能、欲望，尤其关注她们与男人的不同之处。19 世纪是历史和"女性问题"的时代，是黑格尔和宫廷天使的时代，是历史进步和女性堕落的时代。男人被视为历史主体，并通过将女性置于别处来寻找历史中的"男人"。

----

[1] 维多利亚时代：1837—1901 年，前接乔治时代，后启爱德华时代，是英国工业革命和大英帝国的峰端。——译者注

克罗斯比研究的重要之处在于，她专注于追踪这个"其他地方"，将其视为寻找支配维多利亚时代历史意识的人和历史的中心人物的广阔背景；也就是说，男人成为男人，具有男性特征，是通过女人而产生的，成为不同于女人的存在。她对女性被驱逐出历史的理解，隐含着一种类似于否认的，甚至是落魄的概念。两者都描述了个人或机构（例如国家）强调如何强势推开他们认为是他们自身元素的东西，这些东西可能接近它们的本质，但也可能是能让自我受到质疑的东西。例如，男人必须拒绝自己身上带有女性气质的证据，才能变得阳刚。因此，在这个描述中，女性是画面的核心，即使她们不在场——因为让她们缺席，把她们推到画面之外，才能澄清自我。女人，虽然她们被排除在历史之外，但实际正是她们构成了那段历史。更重要的是，克罗斯比表明，作为真理的历史概念的主导地位证实了女性的存在是一种不可知的事物，是"非历史的"。[24] 因此，女性仍然是现代历史意识发展的核心，与那个时期的视觉文化非常相似——女性身体的观赏图像——女性大量存在于历史意识中，作为光谱主体，但始终沉默不语。

克罗斯比对女性和时间表征的讨论清楚地表明了时间性的政治利害关系。正如政治理论家瓦莱丽·布赖森 (Valerie Bryson) 所观察到的，"在将时间视为生活中既定的、常识性的事实时，（拥有社会权力的白人、中产阶级、西方男人）通常未能认识到许多人对此的经历并理解有所不同，这种差异具有政治含义，[25] 同时，关注不同生活实践的问题，对理解女性主义时间理论至关重要。只有关注时间经验的差异，我们才能理解权力如何在时间意识形态中运作，以及这些看似抽象的概念如何排斥和边缘化不同的社会群体。

克罗斯比提出的思想，填补了女性主义研究文献的空白，历史的意识形态以及新的和前卫的观念，创造了属于新类别的人，她们与社会世界和公共生活有着不同的关系。公共生活"适合"的性别概念已经发挥作用，将女性和其他人排除在其完全代理之外。女性主义和后殖民主义（postcolonialism）[1] 时期的理论清楚地表明，在工业现代化时代巩固的这些认知方式，确定二元时间概念是一种持久的比喻。[26] 这被看作对过去、现在和未来的理解方式，认为只有白人，西方的中产阶级男人，独自拥有创造和改造自己和他们的社会世界的力量和潜质：有能力变成。这些享有特权的社会行动者高度认同于充满活力，甚至充满阳刚的现在，并正在向着辉煌的未来大踏步前进，他们把自己与过去严格区分，在他们眼中，过去等同于过时的、田园式的堕落：相对于男人的进步和改变，女人则是静态止步的。

将女性主义理论的视角应用于现代性中的时间辩论，清楚地表明这是一场关于知识政治的对话，涉及谁可以了解，从而谁可以参与现代生活的问题。将某些类别的人指定为过时并因此不适合全面参与建设现代社会秩序，也将某些知识者类别看作非理性的，遭到重视理性至上的世界的排斥。在 19 世纪早期奠基的时间秩序中，强调进步的前提是战胜了以信仰为基础的、因此是非理性的世界知识所定义的过去。如果科学和工业共同构成了进步的顶峰，那么它们假定被抛弃的知识和它的拥有者就是进步的对立面。这种知识概念适用于所有女性、工人阶级男性和

---

[1] 后殖民主义：后殖民主义是 20 世纪 70 年代兴起于西方学术界的一种具有强烈的政治性和文化批判色彩的学术思潮，它主要是一种着眼于宗主国和前殖民地之间关系的话语。——译者注

有色人种，在这一举措中，知识和时间的利害关系不言而喻。[27] 在这里，关于现代性看似抽象的辩论变得清晰起来。时间会产生真正的后果。这些争论的焦点关乎哪些群体有资格进入社会世界。人们基于非理性和过时的概念化认识，拒绝一些群体的社会参与，这种拒绝具有实际的影响。时间性分析为我们了解现代生活的社会排斥提供了重要的钥匙。

但是，对时间的二元性理解——将过去视为非理性、神秘和无法挽回的失落——正如以上所述，总带有焦虑的特征，现代性伴着焦虑喷射而出，过去和现在的关系一直困扰着人们的思考。对焦虑的认识，是定位现代女性和女性气质的关键所在。难道不是基于对焦虑的认识，人们会把女性和女性气质作为史前遗物，长期排除在现代想象之外？当女性进入历史概念时，她们获得了作为代理人的地位，与诸多公共领域密切相关。她们的进入总是受到质疑。为了防止这种情况发生，女性必须保持在时间之外。男性对女性的控制——就像白人对种族化主体的殖民控制——可以被视为建立在时间秩序之上。时间意识形态对人类的概念和表达产生影响，人们对现代性的认识建构也不例外。对现代时间性的女性主义理论分析提醒我们，时间性问题与女性、种族化人群和其他未能获得自由的人群密切相关，他们被认为"不适合"拥有现代性。

时尚、女性主义理论和现代时间

女性主义分析聚焦现代性时间意识的物质后果，这种分析与时尚交叉映照。现有的关于时尚时间性的文献大多不是基于女性主义理论写成的，但它们对性别概念的建构有比较明显的影响。关于时间的女性主义著述大多以时间性理论为基础——表明时间意识形态具有深远的意义。时尚也让我们看到时间意识是如何在物体和生活的社会关系中具体化的。

　　同样，时尚也暗示知识不是由个人创造的，而是由知识群体共同创造的。对时尚的考察，可以扩大我们对女性主义哲学家相关主张的认识，即知识是一种公共生产的产物，要求我们将所面对的事物——而不仅仅是人——视为知识生产中的重要因素。假设知识是由完全自主的知悉者而不是知悉者的共同体创造的，女性主义哲学家认为这种假设的本质是将理想的知识建构者规定为男性。根据现代性的理解，女性不能满足成为自主个体的标准。但是，虽然时尚是一种社会实践，但它也是一种亲密的、个性化的实践。因此，它挑战了人们的固有认识，相信自治个体与其他个体是完全不相同的，这种认识虽不准确，但却占主导地位。通过分析时尚的时间状态，能让我们更好地思考个体穿着者和消费者如何调节更广泛的时间意识，并内化时间意识的发展。当然，任何关于时尚的讨论都必须承认媒体的局限性；时尚不是乌托邦式的游乐场。它与肉体理想的狭隘定义当然是值得怀疑的。而且，正如时尚理论家长期以来所理解的那样，时尚是社会阶级再生产的主要领域；在基于阶级排除的基础上，决定时尚性的品味。但它独特的时间节奏至少暗示，时尚并不严格依赖社会区别这样的社会生活组织方式。

　　从表面上看，对于女性主义理论家来说，时尚最引人注目的就是它充满活力的、以变化为导向的特征，随着 19 世纪中叶新技术的发展，这种特征急剧加速。[28] 正如乔安妮·恩特威斯尔（Joanne Entwistle）指出，"（时尚）在社会流动的世界中蓬勃发展，这是一个以阶级和政治冲突、城市化和审美创新为特征的动态世界，因此时尚在 19 世纪蓬勃发展不足为奇，当时社会动荡达到了历史的巅峰。[29] 对 19 世纪末和 20 世纪初的社会理论家而言，这种多变的时尚特征非常具有启发性，他们将其视为现代性碎片化特征的体现。[30] 但这种理解值得深思：事实上，变化所暗示的新颖修辞比乍看起来更复杂。

考虑过去和现在不断的相互作用，这在考量过去时尚历程中是显而易见的趋势。现代时期为我们提供了这种趋势的几个重要例子，最具影响力和最复杂的是保罗·波烈于 1906 年改良复兴的督政府风格（Directoire style）[1]。波烈基于法国大革命之后的督政府时期很受欢迎的款式，创造了简单的、薄纱的"督政府"束腰衬裙连衣裙款式。[31] 在其最初的灵感中，督政府风格的连衣裙源自古希腊柱状连衣裙——这种早期的现代时尚本身就是基于对早期风格的模仿。因此，这种风格标志着时尚重复的不可避免性，以及时尚与新事物的复杂关联。的确，波烈对他的督政府风格连衣裙的理解是深刻的，它们的历史品质保证了它们的新颖性：通过借鉴法国大革命的风格，他能够将自己和服装系列塑造成"自由"的十字军。[32] 引入、消失和回归 1870 年至 1890 年之间的裙撑[2] 对历史复兴现象提供了略有不同的看法——引入 1870 年代初期的裙装款式，其最初的灵感来自 20 世纪的着装风格。[33]

因此，伊丽莎白·威尔逊宣称："时尚就是改变"，她的宣称无疑是

---

[1] 督政府风格：流行于法兰西第一帝国时期的新古典主义风格，督政府内阁式风格诞生于法国督政府时期（1795—1799），在 20 世纪 10 年代因波烈的设计又再度流行起来。——译者注

[2] 裙撑：一种能使外面裙子蓬松鼓起的衬裙，大多用硬挺的衣料裁制，或在制作时打很多的折裥及上浆处理等，把外面的纱裙撑起，显出膨胀的轮廓，旧时主要用于各类晚礼服中的长裙，现代使用者较少。——译者注

图 1.1 这件 1804—1805 年的法国晚礼服是督政府风格的绝佳典范。大都会艺术博物馆，购买，作为纪念伊丽莎白·H. 劳伦斯（*Elizabeth H. Lawrence*）的礼物，1983 年（1983.6.1）。图片 © 大都会艺术博物馆。图片来源：纽约艺术资源

正确无误的。不过，现代时尚所带来的那种变化是具有周期性的，而且往往以过去为导向——这是变化与进步不能主导的。[34] 19 世纪强调对进步的关注，成为现代科学、历史、政治和经济的重要特征，然而在现代生活条件下，人们似乎并不关注所谓的"永恒回归"或"永恒轮回"。但时尚在物质上反映了这种趋势，它的广泛传播使它成为对进步哲学的阻碍。因此，时尚能对当时盛行的时间哲学产生切实可见的干预，因为

那些哲学否定了过去与现在之间的联系。[35] 对此，卡洛琳·埃文斯有一个优雅表述，"过去的痕迹出现在当下，就像压抑的反弹"。时装设计师唤起了这种现代性的幽灵，并为我们提供了一种不同于历史学研究的范式，将过去的碎片重新拼接成新的、当代的东西，这些东西将继续在未来产生共鸣。[36]

时尚倾向于强调过去与现在之间的密切关系，这是女性主义者感兴趣的问题，因为时尚在大众的想象中已经被深深地女性化了。回想一下，女性通常被认为是现代人的先行者——她们要么陷入过去，要么完全脱离了时间。这种形象建构了女性的身份。在女性所处的时代，她们被贬低为静态存在，或被排除在与之相应的和创造的可能性之外，而这正是现代性所珍视的品质。但在时尚的过去和现在的星座里，不乏运动和变化。首先，如果过去拒绝固定，而是访问现在，那么女性气质本身可以被视为访问现在的时间，从而拒绝监禁在无法接近的过去。其次，运动不能被视为单向的移动，其特点是过去不断推向现在。在循环结构中，现在让位于过去；现代性赋予自身女性气质。描绘清晰的现代性与女性化的、前现代的过去相比较，并无鸿沟阻隔。在任何一种情况下，重复是线性时间的明显替代品，这种线性结构构成与女性化的过去彻底决裂的假定基础。更重要的是，在挑战女性与遥远过去的联系时，重复的时间性拒绝将女性附加到任何一个单一的时间或空间，或任何一个既定身份。相反，它认为女性气质不是单一的、具有不可知或不可掌控的特征。[37]

这种拒绝把女性化固定的认识，在时尚的日常生活及其穿着中随处可见。通过穿着，识别穿着对象不是一件轻而易举的事。着装的社会学

图 1.2 波烈 1908 年系列的两件晚礼服的效果图，突出了与原始督政府风格礼服的相似之处。1908 的晚礼服设计，选自保罗·伊里巴（Paul Iribe, 1883—1935），《保 罗 · 波 烈 的 长 裙 》（Les Robes de Paul Poiret）。藏于纽约艺术资源档案馆。

研究表明，不同的着装至少暗示着不同的存在方式、不同的身份。例如，在 20 世纪早期，有证据表明，追求时尚的短暂性特征对女性身份的概念提出了实质性挑战，因此威胁到女性的社会控制以及她们作为女性的易读性。在法国，玛丽·路易丝·罗伯茨 (Mary Louise Roberts) 详细描述了短短 20 年间时尚廓形的变化——从 1906 年引入波烈不太结构化的廓形，到 1925 年由短暂性主导、有点死板的、"男孩子气"的直线短裙——这种变化引起了文化保守派的焦虑，但获得了女性主义者的喝彩。大众媒体和文学作品中充斥着法国女性因着装时尚的变化而重新描绘自己的生活图像。文化保守主义者和女性主义者都将女性时尚的变化解读为，用罗伯茨的话来说，女性生活中具体的物质变化的"制造者"。[38] 时尚的力量推动着女性形象和女性观念的转变，以及对自我存在的认识，这一切都与波动的时间逻辑直接相关。

重复——与像本杰明等人断言相反，他们认为重复就是改变，是一种改变的方式。正如丽塔·费尔斯基所写，"女性主义理论的任务肯定是将重复和变化联系起来，而不是切断它们。循环时间和线性时间不是对立的，而是交织在一起的；现代性的创新在日常生活中成为现实"。[39] 费尔斯基的表述强调了女性主义对时间和时尚分析的两件重要事情：它提醒我们，时尚的重复——除了其形象的展示——日常情态，同时也提醒我们，重复并不一定意味着相同。重复可以表示日常生活中可见的微观变化。那么，至少在这两种意义上，女性主义分析是对重复必然导致同一政治信念的质疑。

丽塔·费尔斯基在她的文章"日常生活的发明"中，把重复作为讨论的第一个问题，认为它是一个关于日常生活的问题。在文中，她强调重复与日常操劳（例如家务劳动）的联系，长期以来一直是女性化和琐碎化的一部分。对重复的认同恰如对女性气质的认同一样，有史前的、静态的和明显不现代的。费尔斯基强调重复能与时尚所处的时代产生共鸣。她写道，重复将个人置于一个跨越历史时期的想象社区中。因此，它不反对超越，希望超越历史上有限存在的手段。[40] 反对现代浪漫主义的一味求新的观点，坚持认为过去不是静态和沉闷的东西，她建议将重复视为一种充满现代性的日常生活模态——一种"内在复杂"的模态，体现着"重复和线性、重复与向前运动的结合"。[41]

针对现代性对过去和现在二元对立的认识，费尔斯基持反对的观点，她的观点能启迪人们对时尚的思考。正如卡洛琳·埃文斯所指出的，"时尚是一种充满矛盾的范式——这是非常现代的认识——时尚表现了一种'辩证形象'或'批判性星座'，不仅仅是过去和现在的表现，还是对不同现代性的区别，它所具有的'当下时间'能持续包容不同的现代性"。[42] 埃文斯提出的时尚模态充斥着概念，暗示着"多重现代性"，对于理解现代性关于女性和女性气质的立场至关重要。现代性的叙事隐藏着新事物对英雄浪漫的挑战。同时也是女性气质表现的场所，若想"看到"现代世界的女性状态，了解这些叙事是非常必要的。[43] 当然，这些叙事不能与那些定义为公共的、具有英雄现代性的叙事截然分开。时尚——是一种亲密和公开的体验，隐藏和揭示它们的秘密——能向我们生动地呈现各种元素的相互对抗，进而追踪它们的关系。相对进步叙事而言，阅读一个隐藏的、女性化的叙事有助于我们认识权力之争的紧张关系。现代隐藏的叙事向我们展示了女性和女性气质可以被视为现代性的结构化他者。这些叙事能唤起人们对现代女性再现的一种双重时间的关注，其中女性形象既可见又不可见，既存在于历史场景中，又远在历史场景之外。

认识这种存在——甚至是超可见的存在——是至关重要的，尽管它在女性与现代性之间的关系的描述中并不总是很明显。通常，这些故事被简单地解读为女性与现代之间的疏离关系。很少有人考虑把女性气质作为工业现代性的同义词语。我感兴趣的是这种关系所具有的同时性，女性时间形象的不平衡：根据不同的环境，她们被视为现代或非现代。而时尚，以其无可否认的生动视觉展示，通过与穿戴者的亲密关系来实现自身的平衡，是这一悖论最好的阐释。

在某种程度上，时尚通过强化公共和私人空间的分歧，提出问题，充分揭示现代想象中女性的存在和缺失。这是因为在公共与私人之间——公民生活与家庭生活之间——这种不够准确的划分，导致了人们对现代性与其他者之间的时间分裂。尽管在社会理论中时间和空间往往被分开处理，但对两者的关注，我们必须重新考虑时间映射性别空间和领域的方式。家庭生活在工业现代性中有交替使用的两个时间维度：它要么完全处在时间之外，要么成为过去时间的遗物。在这两种情况下，私人空间可以被视为一种怀旧的游乐场——为节奏紧张的现代世界中疲惫而阳刚的主题提供了寻求安慰的处所。当女性被降级到私人领域时，也被降级到另一个时间域界。

与将女性视为私人领域的这种认同相反，现代时尚在很大程度上是一项公共事业，这种女性气质的规范和实践，经历着彻底的社会锻造。从它最稀有的领域——例如时装屋，以及 20 世纪初发展起来的模特游行——通过它在印刷媒体和非正式的时尚公共实践，比如橱窗，购物，逐渐壮大成长。所有这些时尚在公共场合的表现都涉及女性身体和女性气质的展现，似乎女性就是现代性最好的展示。例如，卡洛琳·埃文斯指出，"到 1925 年，人体模型（现场时装模特）确实具有社会和象征意义：即使在沉默中，她们也是现代性的雄辩标志。从 20 世纪初开始，记者们就将模特儿确定为一种新的职业女孩，她们不同于名媛或女演员"。[44] 罗伯茨详细描述了法国的流行服饰媒介的方式和个人风格，它们是将女性转变为现代生活的有效方式。正如马丁·庞弗里（Martin Pumphrey）为 20 世纪 20 年代的美国情况所做的解释那样，"时尚不是以抽象的理论方式，而是以形象和生活方式鼓励女性参与现代性的实践"[45]。利兹·康纳 (Liz Conor) 追溯了 20 世纪 20 年代澳大利亚时尚的发展，指出这是基于空间和仪式发展出来的一种新的、特别现代的存在形式。[46] 时尚是一个重要的舞台，在那里，女性被代表——并体验自身，正如罗伯茨和庞弗里的研究所示——女性自身就是现代性及其公共生活的代理人，而不是它的局外人。时尚的绝对知名度使作为其主要消费者的女性成为现代时代的偶像。事实上，时尚反映了女性气质的间断性的现代化过程；这种女性气质与追求进步的时间不断重组，成为推动时尚经济的引擎。

但是，时尚现象的确使新旧之间的二分法更加复杂化，因此我们不能满足于公开的、视觉的时尚维度，将女性简单插入现代性的叙事之中。人们还必须考虑时尚的私密维度，这些维度不像公共实践那样容易理解：欣赏、渴望、触摸和穿着的行为也是理解这一时期女性与服装关系的关键。虽然，时尚服装的消费发生在公共场合，但它也有一个情感维度，形成公共和私人空间的对立，由此产生更复杂的时间分裂。重要的是，服装作为物质事物具有唤起记忆、将过去带入现在的独特力量。通过这种方式，服装和时尚能再次震荡由现代性所定义的过去、现在和未来之间精心构筑的边界。

例如，彼得·斯塔利布拉斯 (Peter Stallybrass) 在他的论文"磨损的世界：衣服、哀悼和事物的生命"（Worn Worlds: Clothes, Mourning, and the Life of Things）中讲述了一则哀伤的故事。这是关于斯塔利布拉斯个人经历的描述，他身着最近去世的朋友兼合作者艾伦·怀特的夹克，准备宣读一篇关于个人主义概念的会议论文。"我看似冷静，但一个字也读不出来，随之而来的是令人尴尬的沉默。我哭了……后来，当回顾会场上所发生的事情时，突然感到自他去世以来，这是他第一次回到我身边。"[47] 斯塔利布拉斯还有一段精彩的描述：

祈求艾伦。但在论文撰写时，我的祈求从未得到回应。就像登在报纸上一样，艾伦已经死了。然而，当我穿上他的衣服开始宣读时，我被他的存在所占据了，我发现自己身不由己。穿上他的夹克，仿佛艾伦附身了。他就在手肘的皱褶里，用缝纫界的术语来说，这些皱褶就是"记忆"；他就在夹克底层的污渍里，腋下浸润着他的体味。[48]

在文中，斯塔利布拉斯将记忆——哀悼——定位在衣服的穿着中。他描述了这件衣服通过颠转"现在"与"过去"的时间顺序，由此对作者产生了巨大的震撼。这则描述在众多关于时尚的讨论中，是唯一一个特别优雅的冥想，它展示了服装将过去带入现在的巨大潜力。[49] 故事虽有夸大，但从现代意识的角度来看，这是一次重大的干预——而且这会产生性别后果。请记住，在现代时期，服装与女性、女人有关。如果说服装作为女性用品会引起记忆，那么我们还有另一个例子，说明过去和现在的性别相遇。很多女性都有这样的经验，在面对过往的痕迹时，她们才能发现如何进入现在，获得新体验。正如斯塔利布拉斯的轶事所表明的那样，压制过去是不可能的。通过穿着，人的过去会以出乎意料、无法控制的方式悄悄进入现在的生活。这是在现代性中构思女性化过去的一种有效方式：作为一种被压抑的时间记录，它的存在以多种方式为人所知，从这个意义上说，也使新事物的叙事更加复杂化，其作用是将女性排除在现代之外。[50]

时装的短暂性：女性主义的概念工具

上面概述的所有示例提供了现代性短暂或多变的轮廓。必须指出的是，短暂性在历史上被等同于肤浅，这表明将这一概念应用于现代女性和时尚的思考是一种危险。例如，吉尔斯·利波维茨基在他的《时尚帝国》(*The Empire of Fashion*) 一书中指出，现代时尚最重要的特征是它的"没有恒常逻辑、巨大的组织效应和审美突变……时尚是一种琐碎的、转瞬即逝的东西。[51] 的确，他认为，"时尚经济以其自身的形象产生了一个社会代理：对过去没有深深依恋的时尚人，一个个性和品位不断变化的流动个体。[52] 当然，根据时尚与女性的紧密联系，利波维茨基所描述的缺乏依恋的"时尚人"所默认的对象就是女性——尽管他在全书的描述中着意淡化性别。但在讨论短暂性与肤浅性的联系时，利波维茨基无意中向我们指出，如果将短暂性作为理论工具来解决将女性排除在现代性之外的问题，具有潜在的危险。它可能陷入不断复制女性和女性气质的非理性、不稳定性，陷入"琐碎"概念的陷阱。长期以来，建立在物质与永恒之间的文化联系，习惯把时尚与"纯粹"的技巧联系在一起；技巧通常被认为是一种掩盖真实性的手段，而遭到排斥。利波维茨基认为把女性等同于技巧的这种不成文的联系，将女性气质与真实性和深度对立起来，这样的现代性所植入的人类愿景可能会引起女性主义者的质疑。

但是对于短暂时间的思考，是否还有其他的可能性，不过这些思考可能有悖于传统的观念历史，并不支持女性肤浅论。在《论短暂的美》（*Esthétiguue de l'ephémère*）一书中，克里斯蒂娜·布希－格鲁克斯曼提出短暂的时间是一种中间时间："它以……间隔捕捉时间"。[53] 短暂时间的理论化，拒绝了惯常使用的二分法，否定将女性排除在现代场景之外。例如，贯穿全书的一个主题就是"短暂的既是又不是"[54]；既不完全存在也不完全不存在，虽不可察觉，但仍然有效。她警告说，这种介于两者之间的状态不能与重量、坚固性和可感知的物质存在二元对立。相反，布希－格鲁克斯曼认为短暂代表了一种"新的时间范式，它将脆弱的、短暂的、易腐烂的和空洞的事物结合在一起……从这种骚动中产生了一种真正的短暂性的我思，它将慢慢消除存在之物与存在之过程之间的旧关系，这是西方形而上学和文艺复兴时期人文主义的特征"。[55] 人们常使用玻璃来表示短暂的——脆弱但坚固——而她则提出了一种新的物质化象征方法，她称之为"水晶"。[56]

布希－格鲁克斯曼对短暂转瞬即逝的构想有助于时尚女性化媒介的概念化。在工业现代性中，时尚的短暂性表现为变化无常；它有可能颠覆长期占主导地位的史前或其他反现代主义的女性观。这种传统的静态图像将女性包裹在狭隘定义的身份中，成为男性运动，变化的对立面。但是，时尚的转瞬即逝的原因在于多个图像的扩散，而不是仅仅滞留在某个女性形象上。虽然女性主义者肯定会像沃尔特·本杰明指出的那样，指责时尚只是将变化的幻觉视为特权，而不是推崇真正的变化或鼓励多样性，但时尚仍然开创并鼓励社会使用以变化为特征的时间性：短暂的。因为，虽然它不是固定的，但时尚并没有将女性气质变成一个移动图像。就其本质而言，它是图像和物质的星座，位于两者的十字路口。其抽象的文化意义是不可否认的，但它取决于触摸和佩戴的具体行为。从这个意义上说，突显短暂时间的概念，使我们能够激发对于女性的想象，同时又不会忽视女性的实际身体。

在让我们远离静态的女性身份时，布希－格鲁克斯曼提出了更具波动性的时间顺序，超越了现代女性的认知方式。这使我们能够思考女性如何通过与时尚服装不断变化的关系而变得可见，从而更好地判断她们是反现代的或现代的。突出时尚的短暂性，能增加我们将现代女性视为知识的主体和客体的可能性，她们相对于现代性的位置既不固定，也不稳定。相反，它是与不断变化的社会世界互动的结果。当我们将时间理解为一个与知识相关的问题时，我们就能够将个体性别主体纳入其视野，观察他们如何获得和调节现代性。短暂理论给我们提供的不是一幅关于现代性的草图——典型的、活跃的资产阶级男人对峙着静态的、反现代的女人——这个框架给了我们一个概念工具，可以更好地描绘现代的性别表征动画。关注时尚的时间问题可能会重新厘清我们对现代日常生活的历史维度的理解。时尚作为一种将自我与社会联系起来的短暂实践，同时也是将时间理论框架与现代社会和文化历史联系起来的有效方式，透过历史不难看出女性作为现代性代理人的定位。

服装和时尚表明，女性与现代的形象关系在几个不同的、重叠的、有时相互冲突的领域中运作。这种关系不仅仅牵涉女性是否被贬低到现代性之外的问题。当然，那种把女性定义为反现代的观点是很强势，而且很普遍的，但它们并不是定义女性与现代性关系的唯一方式。时代也孕育着女性与现代时代的其他类型关系的种子。一方面，20世纪早期的时尚倾向于把女性定位为现代的核心，与反现代的女性形象形成了鲜明对比。另一方面，时尚独特的、周期性的时间节奏挑战着前现代对女性的二元性理解，促成其解构。时尚的节奏，因为它在实质上体现为女性化世界中服装本身，在现代男性化世界里闪烁着一抹女性气质的光谱。总而言之，时尚能展现现代女性气质表现的模糊性和矛盾性。不过要弄清女性与现代性之间关系的模糊性并不像将女性从历史的隐形中恢复过来那么简单，但它可能让我们提出问题，即看似隐形的东西，可能是一种妥协、具有可变的可见性——对于形成这种可见性的条件，是值得探究的。

短暂的时装以及时装设计师和客户的身份

当然，要回答这个问题，必须了解时装设计师在行业的女性化结构中所占据的位置。他们对短暂性问题的处理是否符合或挑战了我上面讨论的基于短暂女性身份理论所做的潜在积极干预？皮埃尔·布尔迪厄在文化领域做了大量研究，特别是在时尚和时装设计师的角色研究方面的工作，有助于我们厘清设计师与时尚的这一基本条件关系所置于的语境。他强调了时间的操纵，包括短暂的时间，这对于时装屋的存在是必要的，因为它与设计师必然具有超凡魅力的角色有关。

毫无疑问，设计师对他们行业的短暂性是有所认识的。在提到短暂性时，它多少带有一丝忧郁或至少是消极的判断——就像夏帕瑞丽所表述的那样，制衣是"一种最困难和最不令人满意的艺术，因为一件衣服一诞生它就变成了一件东西"。[57] 波烈将短暂性与女性的非理性联系起来，并声称自己将为女性摆脱这种障碍提供帮助。迪奥一次次地发表了许多关于短暂性的绝望声明；迪奥清楚地表明自己对确定性和平静的渴望，但在他的行业中，这些都是无法实现的。[58] 这些问题，在后续章节中会有更详细的讨论。就目前而言，重要的一点是设计师们对时尚领域潜在的时间逻辑问题感到非常悲观。

布尔迪厄的研究告诉我们，这种对短暂性的焦虑，与设计师在一个高度变化的行业中的不稳定地位密切相关。他指出，对于那些希望被接受为艺术家的时装设计师来说，在这方面，他们有很大的劣势："时装设计师所从事的艺术实践在艺术合法性等级中处于劣等地位，并且无法避免在他的作品中考虑到其产品未来的社会形象。[59] 那么，设计师的工作中存在着与时间相关的焦虑；她或他意识到成功对时间的依赖，意识到未来可能会发生以下两件事之一：要么聚焦工作的当下，要么关注其未来的持续，走向"永恒"。"对于一位极具魅力的时装设计师来说，他是设计公司的化身，其形象与品牌紧密相连（就像本书中的三位设计师一样）"，问题是："如何将带来普遍不连续性的独特的中断变成一个持久的制度？如何能使不连续转化为连续？"[60] 换句话说，时装设计师的主要任务之一是管理对时间的感知，以协调服装和形象在材料可变性和人物形象方面出现的新需求，时尚需要的不仅是魅力，还有稳定性。这是两种截然不同的时间记录方式：短暂的和永恒的。

对布尔迪厄来说，时间的可操纵性是"所有生产领域最重要的特性之一，即该领域过去的永久存在，它被无休止地回忆起来"。[61] 过去的存在允许它成为一个指标，设计师可以根据这个指标来记录他们自己创作的相关性和审美的重要性——以及至关重要的是，确定消费女性知识的相关性或不相关性。在他关于时尚和更广泛的文化领域的研究中，布尔迪厄指出，创作者企图"通过制作一种在很大程度上归功于其时代的权威和声望的风格（"经典时装屋""品牌创立于……"等）的想法，显得过时、无关紧要、不合时宜。[62] 因此，树立时装设计师形象所涉及的行为主要是通过操纵时间来建立权威。权力是通过将审美力量转移到过去的时间——或古老的时间——来实现的，这些力量可能挑战一个人自己审美视野的至高无上的地位。这当然包括其他设计师，但是——正如在第二章关于波烈案例展示的那样——它可以包括时尚领域能想象到的其他人员，包括那些表面上"天赋"和"轻浮"的女性。时尚的和风格的知识，对时装设计师的风格形成了潜在的挑战，使其不再享有至高无上的地位。有一个典型的例子可以回答大众对时尚的理解，的确，在风格方面女人具有权威性，1936 年《纽约女人》第一期的一篇社论问道：

> 毕竟，谁造就了真正的时尚？制衣人？伟大的巴黎时装设计师？面料生产商？或者，非凡的时装设计师？不！他们都在创造他们希望成为的时尚。而你才是时尚的真正创造者。如果你喜欢一件衣服并穿上身，那就是时尚。除非你接受新事物，否则所有制衣人都无法创造出任何一件新东西。[63]

因此，将女性时尚的多变性与时尚行业显而易见的现世主义节奏相结合，形成了现代时尚的产业结构，女性被潜在地置于现代性之中。但可以看出，设计师通过否认女性的时尚和风格知识，力求在不稳定的领域中保持其合法性，他们试图将女性重新归入前现代，这是一种过时的努力。

布尔迪厄将文化领域定义为一种斗争，斗争的双方包括："那些已经成名（faite date，既定成功）并努力保持其边界的人士，和那些被归入过去既定人物，他们被拒之成名之外，他们的兴趣在于冻结当下的时刻，让时尚滞留在此时此刻。"[64] 这里有一个明显的矛盾，对于理解设计师与时尚短暂性的关系至关重要：设计师们总是通过拒绝他人，或具有威胁性的新事物来确保自己是新鲜的，总是期望他人永远停留在过去。因此，他们在外表上尽量保持不变，以减弱短暂性的影响。但是，短暂性的出现对于他们在美学和商业上的持续成功又是非常必要的：他们必须被视为是在不断推出新的风格，激发新的欲望，从而促进销售。

因此，利用时尚的短暂性是时间感知管理的一种方式，便于适应商业市场的需求，因为市场是推动时装屋发展和塑造时装设计师公众形象的动力。如果短暂性能够帮助女性从作为固定和静态身份的女性气质的专制中解放出来，那么这种潜力必然会受到来自那些服务于静态的、公开可用的、依赖于利润的女性身份管理者的抵制。因此，不能把短暂性排除在它所涉及的结构之外。当它在这个领域中出现时，它受制于高级时装的结构规则，正如布尔迪厄所指出的那样，这些规则是设计师必须遵循的，它们所施加的影响是一种无形的特别力量。他写道："创作者的特征是一个标识，它不会改变物品的物质属性，但会改变物品的社会属性"。[65] 他认为，设计师的特征不仅仅在材料和基于物品的时尚领域产生影响。并且通过设计师所处的环境要求的时间操纵，让多变对象的社会性质与女性气质，以及活生生的女人产生密切关联。当这些操作需要将时尚看作一个鲜活、短暂的领域进行微妙调整时，它们必然暗示一种女性气质。他们扬言要重新建立一种静态的、固定的女性气质观念，并将其作为时尚产业的主要目标。

当然，这并不是说设计师完全忽视了短暂的潜力。相反，布尔迪厄提醒我们，"人们的思考往往采用简单的二分法。"要么变，要么不变"。"静态或动态"。[66] 短暂性可以通过时装秀等多种不同的方式来调动。在这种情况下，短暂性以设计师无法控制的方式在时尚的秀场和语言结构中传播。毕竟，设计师最终并没有参与对时尚媒体的指导，也无对时尚批量生产的决定权，也无法控制时尚消费者的接受程度。但这种短暂性往往会在时装设计师能主导控制的领域中被调动起来：他们的自我表现。因此，设计师对短暂时间的操纵并不能完全定义该领域女性的形象，但它们构成了对流行的动态女性形象的平衡。

正如昙花一现让女性气质从停滞状态中解脱出来，并有可能将其重新赋予反现代的过去，在 20 世纪初期的时尚领域，女性的最终定义就超越"好"或"坏"、解放或压抑。就像时尚本身，由于时间的复杂性，女性在现代性中的地位是一个矛盾的现象。诺伯特·希莱尔（Norbert Hillaire）写道："时尚和现代性在相同的矛盾原则中相互呼应，这赋予危机一种积极的价值，既是迎击威胁之时，也是迎来希望之时。"[67] 希莱尔的提醒，让我们想起了布尔迪厄的箴言，我们在理解社会现象时往往会不由自主地陷入二分法——对于这一时期的女性主义批评家来说，时尚批评最重要的特征之一就是建构更加复杂的二元框架，以左右时尚的潮流趋势。卡洛琳·埃文斯和明娜·桑顿索顿 (Minna Thornton) 对时尚也做过这样的表述:"时尚总是作为对意义的挑战而存在,其中意义被理解为涉及一些连贯、可证明的一致性的概念。"[68] 在这种情况下,短暂的意义变化取决于对上下文和行为者自身的理解;它的意义就像它所描述的现象一样短暂。因此,重点是要找出趋势。将短暂的事物复杂而讽刺地呈现为古老的事物,这意味着女性在设计师的自我表达中被认为是短暂的存在,这种认识构成了当时的一种重要的思潮。它使我们将现代时尚想象成一个直接解放女性和女性气质场所的倾向变得复杂,相反,它将焦点放在了该行业使用女性的核心矛盾上。接下来的章节将仔细研究支撑这三位设计师自我表述的时间形象,揭示时尚是一个矛盾的场所,通过时尚的讨论,我们将触及关于女性与现代关系的林林总总各不相同的观点。

图 2.1　保罗·波烈手持绘画面具照，摄于 1935 年前后，
艺术家，古尔萨特（Goursat）摄。Photo by Imagn/
Getty Images. Hulton Archive. © Getty Images。

第 二 章

保罗·波烈：设计大师的两难
—— 经典与创新

保罗·波烈（1879—1944）在他的主要回忆录《时尚之王》（*The King of Fashion*）中告诉我们，他从小就被美学工作所吸引，尤其是女性时尚。1903 年在开设他自己的时装屋之前，他在伟大的时装设计师雅克·杜塞手下和沃斯时装屋（House of Worth，1900—1903）做设计。他在 1906 年左右推出了他的"督政府风格"系列，从此声名鹊起，据称他的设计让女性获得了"解放"，帮助她们挣脱了紧身胸衣的束缚。在接下来的十年里，这条思路一直主导着他的设计，其特点是略低于胸部的高腰线——这就是著名的"督政府"腰线——以激进的重组，甚至解构而著称。与当时流行的爱德华风格（Edwardian）[1]的紧身胸衣的轮廓相比，其结构松散，不再令人窘迫，柔软的流动线条展现了柔美的廓形。尽管有人夸大其词地说，它终结了紧身胸衣的统治，[1] 谢里尔·巴克利（Cheryl Buckley）和希拉里·福西特（Hilary Fawcett）是这样描述督政府风格的："波烈的时装穿上身很宽松，特别是 1908 年设计的和服外套，突出了身体的包裹，而不是一味强调结构化，身体……整体轮廓呈直线型，虽然礼服偶尔会紧束到胸下，但自然的腰线几乎完全被遮掩。[2] 其他设计师，如卢西尔（Lucile），也称达夫·戈登夫人（Lady Duff Gordon）[2]，也有同样的愿景，希望不再束缚躯体。波烈的设计，无论是过去的作品，还是后来一直被大多数评论家誉为着装改革的革命性作品，翻开督政府系列作品的设计插图，一眼就能看出明显的标志性，令人记忆深刻，插图保持原样，手工绘制，两位绘制者分别是保罗·伊里巴，见《波烈的裙衫》（*Les Robes de Paul Poiret*，1908）和乔治·勒帕泊（Georges Lepape）的《乔治·勒帕泊手绘波烈作品选》（*Les Choses de Paul Poiret vues de Georges Lepape*，1911）。

波烈的设计持续到 20 世纪 30 年代中期，其间有过几次中断（例如，在第一次世界大战中短暂的服兵役，以及他的公司在 20 世纪 20 年代后期被出售）。据记载，包括他本人的记录，我们知道他的事业在 20 世纪

---

[1] 爱德华风格：爱德华时代是指英国 1901—1910 爱德华七世在位期间，相比维多利亚女王在位期间的服饰风格，爱德华时代的服饰摆脱了维多利亚时代对线条的追求，以 H 形的风格逐渐将其替代。——译者注

[2] 达夫·戈登夫人（1863—1935）：英国时装设计师，1908 年，她在伦敦举办盛大豪华的时装表演以推广自己的女装系列。这是历史上第一次真正意义的时装走秀。她也是解放女性紧身衣的先驱者，将优雅与时尚完美融合，利用好莱坞与欧洲上流社会的影响力来推广自己的品牌，引领着 20 世纪初的优雅风尚。——译者注

图 2.2　1910 年波烈设计的晚礼服。大都会艺术博物馆的布鲁克林博物馆服装收藏，布鲁克林礼品博物馆，2009 年。奥格登·戈莱特（Ogden Goelet）、彼得·戈莱特（Peter Goelet）和麦迪逊·克卢斯（Madison Clews）的礼品，以纪念亨利·克卢斯（Henry Clews）夫人，1961 年（2009.300. 1289）。Image©The Metropolitan Museum of Art. 图片来源：Art Resource,NY。

20 年代开始下滑。尽管他在 20 世纪 30 年代以公司名义进行过短暂的设计，但他的公司于 1929 年被出售，此后几年财务状况很不稳定。但他以反对新设计师（例如香奈儿）的非原创风格而闻名，他对已经改变的理想化的女性气质，以及那些排斥他的新美学流派提出了严厉抨击。

　　然而，波烈的遗产毁誉参半——晚年术业动荡，玷污了他的声

图 2.3　波烈 1911 年设计的歌剧外套，作为他早期作品，强调与众不同的
身体"直线"、"包裹"线条。纽约大都会艺术博物馆收藏。艾尔弗雷德·Z.
索洛 – 莫 – 珍妮特·A. 斯隆（Alfred Z. Solo-mon-Janet A. Sloane）捐赠
基金，2008 年（2008.288）。Image©The Metropolitan Museum of Art。
图片来源：Art Resource,NY。

誉——他的设计不仅仅包括时尚。他还成立了一家香水公司，一家室
内设计 / 装饰艺术公司，分别以他的女儿罗西娜（Rosine）和马丁妮
（Martine）的名字命名。正如哈罗德·柯达 (Harold Koda) 和安德鲁·波
顿（Andrew Bolton）所说，"他是第一个将时尚与室内设计结合起来，
并积极推广'全面生活方式'概念的时装设计师"。[3] 为了进一步丰富他

的工作，他还为戏剧和舞蹈设计服装，包括与最著名的俄罗斯芭蕾舞团的合作。[4] 在 20 世纪 20 年代他还从事绘画、写作食谱书籍，主持一个晚宴俱乐部；他把自己塑造成一个文艺复兴时期的全人。

撇开后来的历史不谈，在波烈"统治"着高级时装的时期，对他的相关报道饱含着伟大的敬意。《时尚之王》，这是他第一部回忆录的英文译本书名——在 1912 年他被称为"先知"，大家认为他的设计工作一定得到了某种神灵的庇护。[5] 1920 年的 Vogue 登载了一则简短的致敬，告诉我们，"巴黎人不能不爱波烈；巴黎人在他身上看到了一位他们身体崇拜中最受启发的牧师"。[6] 1921 年媒体的描述，让他的名声与石油或钢铁大亨齐头并进——成为最有权势的人物，在那个繁荣的十年——盛传一个流行的混合隐喻，将他的工作场所比喻成一座寺庙。[7] 1925 年，这种权力的影响显露出来：从当时的一份简短的报纸简介和采访中可以看出，女性（满足地）享受着这个时尚之王的奴役。[8] 即使在他去世几年后，他的一篇文章登在《时尚芭莎》(Harper's Bazaar) 上，其引言中宣称："战前神话时代的波烈是一位独裁者，全世界的美女都向他致敬。""他的统治是专制的，"让·谷克多写道，"敢于质疑他的法令的女性最后也恳求他不要拒绝她们，让她们继续穿上他设计的霓裳"。[9] 事实上，女性作为他的理念和时尚的市场，她们被编织到对这位最受尊敬的时装设计师的所有崇拜之中。大多数情况下，她们对这位国王总是俯首称臣。

这种崇敬也反映在他的自我表述中；波烈是一位多产的作家，他出版了三本自传体书籍，在大众媒体上发表了数十篇关于时尚、女性美和法国文化的文章，他的笔触涉猎广泛，曾写过多维尔 (Deauville) [1]——一个法国小镇，它是诺曼底上流社会生活的一幅漫不经心的图画，该书由基斯·万·唐金（Kees Van Dongen）绘制插图，他的写作还包括介绍美食佳肴，这些文本充满实验性游戏的文字，出版商将其称为"达达主义（Dadaist）[2]"。从 1930 年到 1935 年，他在五年内出版了三本自传体文集，这表明他对自己作为一名设计师的纪念充满自信和陶醉。这并不奇怪，在 1930 年第一本回忆录出版时，波烈已经远离了他职业生涯早期所占据的高地。回忆录为他提供了重振旗鼓的机会，面对职业生涯的不幸解体（对波烈来说，是可耻的），我们开始理解为什么他如此急迫地向世界讲述自己的生活。尽管，这些文字闪烁着诡异，因为他的语气是防御性和不安全的，与他显然希望读者记住他的自信和超人的性格形成鲜明对比。这种矛盾的性格在整个作品中随处可见，从他设计的美学品质——它们是传统的，还是现代的；永恒的，还是历史的？——到为他工作的女性，尤其是那些购买和穿着他的设计的女性，她们对他的成功起到了重要作用。然而，这些女性和设计的表现——这是他职业生涯的两个不可或缺的组成部分——在波烈的自我画像中屡屡出现：事实上，它们都与叙述职业生活相关，目的是宣称自己的专业权威性。对自我、工作和客户的矛盾表述，都透露了一种不稳定性，最终也是为了证实自身的价值。如果是这种情况——如果这种不稳定最终转化为波烈对

---

[1] 多维尔：以诺曼底最优美的海岸闻名，是法国热门的夏季高级度假胜地。——译者注

[2] 达达主义：第一次世界大战后，出现于艺术流派的一种艺术运动，一种无政府主义的艺术运动，它试图通过废除传统的文化和美学形式发现真正的现实。它由一群年轻的艺术家和反战人士领导，通过反美学的作品和抗议活动，来表达他们对资产阶级价值观和第一次世界大战的绝望。——译者注

声誉资本的维护——那么他所依赖的女性会怎样呢？在他的作品中，对女性气质的描述，虽然不多，但却充满了冲突，他的努力能恢复和确保他在未来的大师地位吗？

在他的第一部，也是最著名的回忆录《时尚之王》中，保罗·波烈不知不觉地为他的读者讲述了他职业的种种利害：

> 作为一位富有创造力的制衣人，他习惯于预见，具有通过预测激发后天灵感的超凡能力。沿着女性的生活轨道，他能早于女性本身预见即将发生的事故和事件，并为此做好准备。这就是为什么我们不能相信女性会在俱乐部里，或通过任何形式的传单、讲座、会议和抗议，来抵制他的设计，在他看来，他的预见是合乎逻辑的、不可避免的和已经确定的事情。

这段话简明扼要地概括了波烈在他的自传作品中，以及在他的许多其他涉及自我经历的文字中所展现的他与女性之间的关系。对他来说，这是一种由时间类别决定的关系。他的成功最终源于他自身的能力，能占据，或至少接触到多种时间形式——包括至关重要的未来。另一方面，他的客户通常代表女性气质，是一个普遍的类别，但她们往往因无法超越时间界限而显得残缺：他们要么与过去保持一致，要么与现在保持一致。无论如何，体验多重时间性的能力是具有规程魔法能力的一个关键要素，皮埃尔·布尔迪厄认为这对理解他提出的所谓文化生产"领域"至关重要。对于布尔迪厄而言，创作者的特征起到了"准魔法"符号的作用，可以"调动整个领域（在本例中为高级时装领域）的运作，产生象征能量"，赋予个人创作者以权威。[11]这种魔力奠定了波烈成功的基础，对此，上述引文做了很好的说明，他对时尚领域的掌握，恰好反映了他对女性气质的熟练掌握。

对女性的描述，的确是波烈作品的主要内容，但并不是他所关注的唯一主题。他对女性气质的理解复杂而矛盾，符合他对自己作为时尚大师的描述，但他的语气中带有防御性，缺乏自信。事实上，防御性来自他自己的感觉，即他感觉到自己的信誉受到了威胁。这导致他对女性的描绘出现了一个类似的人物，这可能被理解为源于一种职业贬低和不安全感。在他的文字中，尤其是在《时尚之王》中，有一种不断出现的感觉，即女性是秘密的持有者，这些秘密，他的设计可能（但从未完全）允许访问。那么，贯穿波烈自我表述的焦虑可以追溯到这种感觉，即他的掌控是有所抑制的，这种抑制来自女性自身和她们所拥有的知识，以及她们对他本人的崇拜。毕竟，她们对他的默许，甚至甘愿被他奴役是波烈在商业上取得成功的基础，他认为，正是这种崇拜和尊重加速了他的衰落。

在本章中，我们从波烈广泛的自我表述的不稳定关系入手。作为一个个人主义者和反传统者，他却希望通过与他人的关系来理解自己，对此他深感震惊。如果问他的自传作品向人们展示了什么思想，那就是主人公的自我意识受到性别概念历史的深刻影响。波烈的自我认知在很大程度上取决于他与想象中的女性气质的疏远，但这种微妙的关系，就像他的商业成功和失败一样，取决于在世女性的偏好、社会地位和资本。因此，在这里，我们探讨了波烈自我表述策略中错综复杂的时间维度，对构建他的自我概念来说，这些都是不可或缺的，同时也是建立各种关

图 2.4 设计师保罗·波烈的广告，*Harper's Bazaar*，1926 年 6 月。华盛顿大学图书馆，特别收藏，UW29993z。

系所必需的。这些关系反映了设计师对身份理解的深刻矛盾、困惑和焦虑，这些都投射到他所依赖的女性身上。这不仅是理解设计师在 20 世纪早期现代性中的性别状况的关键，也是理解这一时期时尚在构建女性气质的意识形态中的中心地位的关键——当然，反之亦然。

女性和时尚作为文化领域的定义

在对文化生产领域象征资本积累的思考中，布尔迪厄将时尚视为众多此类领域之一，他认为，区分艺术家的工作，时间的生产为其核心：所谓功成名就（faire date）是指打下自己的烙印，形成自己的、与他人不同的特征，并得到自我和他人的认可；同时，这意味着在前卫中创造一个超越目前位置的新位置。[12] 因此，他推论说：

> 参与其中的代理人和机构既是同时代的，又是异类的。现在的场域只是竞争场域的另一个名称（正如一个过去的作者，就他所面临的危险而言，就成为现在的作者），在同一个当下存在感中的当代性，在实践中，只存在于与不和谐时代同步的斗争中……，但是，这种产生当代性的斗争，表现为不同时代对抗，它的发生是因为它所聚集的代理人和团体不在同一个当下。[13]

布尔迪厄对该领域提出的系列概念，往往只关注时尚（艺术、文学或任何其他艺术形式）的生产者，他在定义该领域的参与者时不包括消费者。[14] 但如果我们考虑消费者的渴望和需求对塑造时尚产业所产生的影响，正如最近的时尚理论允许我们做的那样，那么我们必须承认消费者也是时尚领域的参与者。[15] 当然，就时尚而言，尤其是时尚领域，它是在波烈统治的时代配置形成的——"消费者"这一类别指的是女性。通过重新配置布尔迪厄的领域，我们便能看到女性在时尚竞争领域中的突出地位。

审视女性消费者，我们能够观察设计师与其他艺术家的重要区别，从而对时装设计师所关注的时间生产问题进行重新审视。正如布尔迪厄所指出的，设计师所获得的声誉，往往建立在他对过去、现在和未来的理解，也包括对其他对手的贬低，把他们作为过去的代表。布尔迪厄的意思是设计师总爱将其他设计师归为过去。从这个意义上说，作为消费者的女性并不符合定义设计师独创性的过去。但是，正如我们即将讨论的，在波烈自我表述中，强调女性作为艺术家，是一个为大众普遍接受的共识：她们天生拥有一种女性美，并具有审美自我塑造的秘密。她们因此成为设计师的竞争对手。事实上，波烈的言论基调在他的职业生涯中有所变化，直到最后他暗示，女性总是坚持做出自己的风格选择，迫使他转向运动装的设计，因而远离原创和富裕，因此他认为自己的失败应该归咎于女性。[16] 对女性所构成的威胁，波烈的作品表现了一种痴迷；在他原本的个人主义的自我概念中，可以看出他比其他设计师更关注女性形象。因此，布尔迪厄对艺术家时间生产的分析为理解波烈和女性之间建立的时间关系提供了一个有用的框架。正是女性——或者，一种形象的女性气质——波烈把它归为过去，建构这种气质是他工作的核心，是他卓越的体现。在时间维持方面，波烈与他的潜在客户、他的女性员工，以及一般意义上的女性之间，始终坚持二分法，这是构成他原创性的重要方法。正如布尔迪厄所说，"引领时尚不仅仅是宣布去年时尚人士的产品不再流行，还是宣布前一年引领时尚的人的产品不时尚，从而剥夺了他们在时尚方面的权威。新人的策略旨在将年长的设计师推回到过去。"[17] 那些被贬低到过去，但其权威仍具威胁性的过时类型，仍然是女性。

　　布尔迪厄的理论图式强调了设计师制造时间的能力。为此，设计师总是积极投身于否定他人的工作或诋毁他人与设计工作的关系。事实上，波烈的作品可以被解读为一种焦虑的拒绝，一座精心设计的表征大厦，

80

是针对失败的一种心理和商业防御。设计师所感受到的压力，足以让我们触摸到支撑现代这个领域的焦虑。在波烈的案例中，围绕着秘密、理性和独创性等强势概念，产生了时间关系的紧张冲突。

女性的秘密

长期以来，女性的时尚和个人风格一直被认为是一个由秘密、谎言、面具、伪装、虚饰构成的领域。[18] 当然，这正是时尚哲学的大部分兴趣所在：将真相引向质疑。时尚的确讲述穿着者的故事，但它能告诉我们穿着者是谁的"真相"吗？能告诉我们穿着者是如何利用时尚来"隐藏"自己的吗？当我们看到时尚时，我们看到了什么——自我，还是自我的战略表象？ 当然，这种混乱正是导致时尚令人感到威胁和受到质疑的主要根源。由于时尚与女性气质密切相关，所以，人们认为时尚掩盖真相的问题女人也难逃干系。不幸的是，长期以来对技巧的文化怀疑，人们认为女性气质与人造时尚之间也有一种必然的联系，这种联系早被铸就，成为一种负面关系。

从女性主义理论的角度来看，时尚并不是消极的，而是将女性气质与不确定性原则合为一谈。当我们评价某人的着装时，我们并不确切地知道我们看到的是谁。此外，这种不确定性与经验主义背道而驰，经验主义是现代早期以来人们理解知识的主要方式，即相信感官是获得合法知识的唯一渠道，并且知识是确定的、绝对的、透明的。但是，对此，时尚提出了质疑，我们不可能绝对地、确定地和彻底地了解事物和人。从这个意义上说，它有可能挑战我们关于女性生活、女性是谁等问题的僵化认知。苏珊·凯泽 (Susan Kaiser) 认为，通过时尚和风格来管理身份"可能是一种模棱两可的认识论。她认为自我真相必然是偶然的。"[19] 也就是说，时尚揭示的自我真相会根据环境而变化。穿上衣服，强调的只是复杂自我的一个方面，这提醒我们自我是流动的、灵活的，恰如任何人的生活一样。许多对真理与身份的临时性和争议性感兴趣的女性主义理论家，对这种关于自我的可变性和灵活性特别感兴趣。

对范式的这样的关注，我们承认，服装使我们能够灵活地呈现和隐瞒身份的各个方面，由此提出了秘密的问题。时尚会让我们成为秘密的拥有者吗？秘密对于对时尚（以及许多其他领域）感兴趣的女性主义理论家具有启发性，因为它与可能性有关。秘密揭示了事物的不可知性，这在普遍具有威胁性的概念中有更大的价值，即如果某事被隐瞒，如果它不确定，它就无法控制或掌握，因此它很容易改变。如果文本不包含秘密维度，正如雅克·德里达（Jacques Derrida）[1] 所说，"就没有未来"。[20] 这种未来的可能性对于女性主义理论来说似乎至关重要，尤其是在现代主义时代，女性被描绘成处于现代性所代表的可能性之外。因此，秘密具有时间维度。尽管它们乍一看似乎是历史的遗迹——当然，秘密通常被表示为从过去传下来的知识——秘密也向未来开放。我认为，秘密具有扰乱女性身份确定性的功能，对此波烈表现了浓厚的兴趣，当然也是他所感到的焦虑的主要来源。正如约翰·杰维斯 (John Jervis) 所说，"女人的秘密"——也就是解开女人的奥秘和女人所象征的他者的奥秘——因此是欲望和恐惧的源泉。[21]

---

[1] 雅克·德里达（1930—2004）：出生于阿尔及利亚的一个犹太人家庭，著名哲学家和解构主义思潮的创始人。——译者注

在波烈的文字和采访中秘密始终是一条特殊的线索：它们是"美丽的秘密""时尚的秘密"，这些秘密与女性的诱人能力有关，因此也与她们与男性的关系有关。这给我们带来了秘密的一个重要特征：它的相关性。秘密不是一种奉献；而是拥有者拒绝公开它。秘密的构建中隐含着一种对自己的折叠——隐瞒。从某种意义上说，这似乎意味着个人隐瞒——个人保守秘密。但是，当我们提到对"美丽秘密"或"时尚秘密"的理解时，我们通常谈论的是构成群体身份的共享秘密——在这种情况下，可以看到"女性"身份在保守秘密，免受他人侵害的过程中得以强化。秘密通常是共同拥有的，但秘密更是完全个人的东西。它们在秘密分享者之间编织了一种关系结构。

不太引人注意的是，秘密开启了秘密拥有者和那些不能分享秘密的人之间的关系。正如杰里米·吉尔伯特 (Jeremy Gilbert) 在一篇关于"公共秘密"的文章中所问的那样："秘密……在被告知之前真的是秘密吗？"[22] 他继续说道，"如果秘密只是一种披露，一种监视，一种忏悔，它们会构成体验秘密的经验连续体上任何特定的部分吗？吉尔伯特强调窥视者对秘密建构的重要性，因此也强调了秘密持有者与不知情者之间的关系。路易斯·怀特（Luise White）写道，"保守秘密需要与社会协商"。[23] 虽然"秘密"一词倾向于表示隐私的含义，但吉尔伯特和怀特提醒我们，秘密中知识不会压抑，总是闪烁其中。正如怀特所说，秘密"赋予知识以一种充电状态"。[24] 当其他人知道它的存在但不知道其内容时，秘密就会闪闪发光，以一种可视的方式招手欢迎。[25]

更重要的是，秘密处于认识论关系的中心：也就是说，它质疑知识的地位，质疑获取知识的渠道。事实上，秘密的作用，尤其是当秘密知识与女性相关时，就暗示了知识的局限性。这种秘密拒绝透明，执着于不透明，暗示了部分知识的可能性。最终，秘密拒绝掌握和无所不知——一切都可以变成有所目睹和有所耳闻——作为知识的附加价值。因此，在重塑女性主义对知识理论干预的术语时，人们认为秘密是一个核心术语。在她的经典文章"情境知识"中，唐娜·哈拉维（Donna Haraway）对这种知识关系进行了重新描述："女性主义的客观性是关于有限的位置和情境知识，而不是关于主体和客体的超越和分裂。"[26] 这正是时尚领域被秘密占据的原因，因为在这种关系中，一方被剥夺了充分的知识。不仅不可能提供完整的知识，而且通过隐瞒、拒绝提供某些类型的知识，在此过程中，秘密拥有者发挥了积极的作用：她以代理人的身份出现。

女性所拥有的美丽或时尚秘密，传统上也取决于女性之间的关系。因此，它们对知识的传统理解构成了另一种挑战，不再承认拥有知识的个体享有特权："对于每个知识拥有者来说，笛卡尔的知识之路是通过私人的、抽象的思想，通过非感官的或与他人协商的理性努力。"[27] 但人们可以设想美丽的秘密会怎样在女性群体之间传递，有时是跨代传递，有时也发生在不同社会环境下的同代人群间或不同性别间。的确，艾伦·罗森曼（Ellen Rosenman）发现，正是这种在女性中传播的时尚专业知识感在维多利亚时代变得具有威胁性。这一知识对男性来说是不可获得的，虽然有可能成为整个排斥男性的同性恋或同性恋世界的知识基础。[28] 可以将女性的秘密和八卦作为一种知识形式进行类比。后者在洛兰·科得（Lorraine Code）的一篇文章中进行了探讨。文中，她研究了一个取自文学作品的案例，在这个案例中，一些通常被视为琐碎的事情让女性获得了对虐待情境的了解："毫无疑问，知识的建构基于女性的生存活动——脱离生活，它们谁也无法单独获得知识。"此外，她们的实际生活中有"八卦滋生，伴随和美化"。[29] 美丽的秘密虽然看似一些微不足道的东西，但实际上源自装饰和日常自我表现中"实际关注"中出现的实实在在的知识。这些秘密是通过它们的流通而获得价值的，而不是通过对其他女性的热心保护而获得的。

洞察秘密

这种对秘密的关系状态的关注，以及对其透彻了解的可能性的询问，对时装设计意味着什么？更具体地说，它对设计师意味着什么？设计师的专业领域必然与女性的"秘密"世界重叠。部分基于设计师的利益冲动，我们发现这些秘密可能会变得具有威胁性。它们有碍于设计师基于完整的知识和完全的掌握感所发展的专业身份，同时也有碍于发挥他们的商业潜力。波烈的作品证实了这种秘密的确存在着威胁性，但这种秘密的表现是模棱两可的。对秘密的描述并不始终如一，他对女性保守秘密的能力同时给予了喝彩和棒打。波烈通过秘密的关系力量来巩固自己的公众形象，既赞美又取代了他的女性客户。

的确，波烈非常聪明。他用秘密的形象来讨好女人，《时尚之王》的第一页中，他就提出了这个问题："女人有任何东西不能穿吗？她们拥有一种能力，能把最不可能，最大胆的东西变成美丽的，变成可接受的，不是吗？"但波烈在结束这一个以赞美开始的段落时，谈到了如何用设计师的专业知识代替女性那种看似与生俱来的技能："那些致力于装饰女性的艺术家是如此熟练。"[30] 不过他在论述女性的知识、秘密和专业知识等性别化特征时从来都不是直截了当的。事实上，他的自传讲述了作为时尚秘密拥有者的女性人物与作为专家的男性设计师之间发生的有趣互动。这只是这种摇摆互动的无数例证之一。文本描述交替变化，一方面展现女性在交换女性秘密时的自我控制能力，另一方面又描述她们如何服从男性专家的意志，把他们作为拥有相同秘密的占卜师。《时尚之王》的前几页很好地确立了这个知识和专业性的主题，但在北美巡回演讲时，面对美国和加拿大女性听众时，他却对秘密大加赞誉，认为它是无可争辩、很有说服力的。这些讲座被转述在书中，是波烈大量文字中对美学哲学最完善、最连贯的陈述。[31] 在此，他告诉聚集的女性，她们在风格和时尚方面的知识、技能是一种与生俱来的特权，至于他本人，理所当然应该受到她们的排斥："当数百名可爱的女性因对时尚的兴趣而聚集在同一个大厅时，人们可能会问自己，在这种情况下，男人可以扮演什么角色？你真的相信男人可以教授任何关于优雅的事情吗？"[32] 这时，波烈显得很谦虚，他愿意就时尚问题，聆听女人高深的秘密知识。他的陈述让我们对秘密的关系特征更加关注：它们构成了女性的特权知识，而对于其他人，比如像波烈这样的男性，它会产生危险的后果。

对保密者的崇敬，波烈表示了持续关注，进一步揭示了这个问题的关系性属性。作为职业设计师的波烈提供了完整的关系图，他认为这是他对女性秘密的回应。确实他本人也从她们那里获得了职业目标。他的自我描述很有说服力。例如，他写道："我带着一对触角而不是杆子出现在你面前，我不是作为主人和你说话，而是一个渴望占卜你秘密思想的奴隶。"[33] 书中还有很多这样的台词，他对女性的奉承，不惜对自身的贬损："也许让你相信我的命令会更好，你只需要服从……事实是，我只是对你的秘密意图的预期做出了回应"。[34] 在这里，波烈似乎转移了自己的角色问题，并确立了他的谦逊态度。他只是时尚和女性的仆人，他在讲座中多次提出这样的观点。就设计师而言，女性在时尚问题上占上风，当时的时尚媒体普遍流传着这种观点。

为了更好地理解波烈，有必要考虑秘密与他的权力相关联的方式。他将自己定位为只对女性时尚和风格秘密做出回应的"奴隶"，暗示时尚是女性行使权力的领域。但是，考虑到波烈在整个回忆录中展现的表现方式，我们有必要考虑其负面影响。正如我们上面提到的，由于女性能够在她们之间传播时尚和美容秘诀，这也导致了她们在获取知识和专业技能上的焦虑。在讨论女性外在美秘密的含义时，波烈无疑是带着某种焦虑的。这并不奇怪：如果企图在商业时尚市场上继续获得特权地位，波烈必须巩固他所塑造的专家形象，避免受到拥有时尚知识的女性的挑战。

在 20 世纪初，当时尚服装行业成为男性"专家"的领域时，对秘密的认识，具有特殊的意义。它的威胁影响到时尚领域，这个波烈自封为革命者的领域。因此，在他的回忆录中，他将自己置身于崇敬女性秘密的经济之中。将女性代表为秘密的守护者，让波烈能够在秘密的想象领域里占据支配地位，并为自己开拓设计空间，他自认为他是一个非常现代的主体。

这就是关键所在，显示了他的支配地位，显示了他的参与。它把我们带到了女性主义关于秘密的分析中心，其中大部分分析涉及时尚的早期现代时期。这项工作追溯了将女性的身体（或自然，女性的形象化）概念化为秘密领域的转变。[35] 如何利用新的科学工具来探索秘密的研究，是我们需要做出的迫切回应。在一篇关于改变女性身体医学论文中，莫妮卡·格林（Monica Green）提出了一种关于女性秘密的新观点，"女性的秘密并没有使用保护性屏障来保护自己的身体，以防止男性凝视"；相反，它让女性的身体更开放，便于接受知识的审查。[36] 这是医学文化转型的关键因素，也是现代学科发展的根源。那么具有讽刺意味的是：在那个时代，秘密就被视为合理的，对秘密的窥探也必须得到保证。克莱尔·伯查尔 (Clare Birchall) 在另一场景问道："当秘密被呈现为完全公开时，会发生什么？"[37] 这又是一个关于知识的问题：当我们假设我们能够知道一切时会发生什么？当她在 21 世纪早期的"反恐战争"的背景下写作时，就对其意识形态基础和暴力审讯的技术提出过批评，她的问题表现了对掌握全部知识所产生的可怕后果的担心。中世纪晚期和现代早期的文献表明，伯查尔问题——当秘密被完全揭示时会有什么样的后果？——其答案是机构知识或至少是专业知识一定胜过地方知识，"秘密"知识从而极大地损害了女性的自主权。因此，秘密不仅是社会关系，而且是对职业权力开放的场所，而不是封闭或限制访问的场所。

掌控与设计的专业人员

秘密有助于接近和积累专业权力，这种理解能使我们更好地澄清波烈陈述中的利害关系。必须记住，波烈所在的时尚领域是一个视觉领域，他所处的时代是一个常被称为时尚"观赏化"（spectacularization）的时代。"秘密"与这种视觉观赏相对立。伊芙琳·凯勒 (Evelyn Keller) 认为，科学方法的早期现代发展开启了"戏剧可见与不可见之间"的帷幕。她解释说："科学启蒙的任务——揭示表象背后的现实——呈现表面和内部的颠倒，可见和不可见之间的互换，因而能有效摧毁古老的、藏匿女性力量的最后遗迹。"[38] 那时，正处于 20 世纪早期，时尚话语与科学方法有着截然不同的背景。尽管如此，凯勒还是提出了一些更广泛的认识，这些认识能广泛地应用于时尚背景，因为现代时尚系统无疑是一种观赏。把女性描绘成完全可视的对象，表现其非常特殊的气质，这是波烈的贡献。这种视觉穿透感让位于掌控的话语；就时尚秘密而言，在波烈的作品中，它从构成女性的力量源泉转变为波烈个人的力量源泉。

首先考虑以下问题。波烈问道："男人在（时尚）这样的事情上能扮演什么角色？你真的相信男人可以教你如何优雅吗？这种企图有点可笑，而今天来指导您的人，当他站在您的面前时，会问自己接受课程培训的难道不应该是他自己吗？"[39] 这里再次强调了对女性更深入的了解。他对个人美学问题表示尊崇，似乎转移了自己的角色问题，表达出一种谦逊。波烈将自己定位为一件单纯工具，女人才是更为伟大的服务对象。他只是时尚非理性的仆从，他在整个讲座中多次提出这样的观点。时尚以其"专制主义"让人膜拜，不禁让人联想到女性。

但是，当我们密切关注设计师与女性之间关系的其他表述时，这种似乎归于女性的力量就会被取代。因为正是通过这种表达，说明了他对时尚暴政的屈从，波烈从而实现了相反的目标；他将自己确立为女性欲望的主人，并挑战她们作为知情代理人的地位。这一切的核心"秘密"，构成女性更大审美能力的秘密知识，实际上被设计师侵犯了。因此，波烈从作为时尚和女性的工具转身成为对女性的掌控，至少，对女性在该领域所具有的知识和专长的能力发起了挑战。

从重视女性在时尚方面的知识和能动性的角度来看，这种掌控的建立具有重要的影响。 波烈告诉芝加哥的女性，"在女性选择或购买衣服的那一刻，她认为她自己是在完全自由的、充分发挥自己的个性的情况下做出的决定，其实那是在欺骗自己。正是一种时尚精神在激励着她，支配着她的智慧，影响着她的判断力"。[40] 我们在这里看到了波烈大力强调的女性与时尚之间关系的本质。女性与时尚的这种从属关系不是平等的，女性成了时尚殖民的对象。因此，波烈充当着时尚的仁慈媒介。他在那里解释这种最具现代力量的奇思妙想，并减轻殖民化进程。实际上，他通过掌控女性知识的创造能力来成就自己。他告诉她们，你自己也许不知道自己在多大程度上接受了（时尚的）摆布，因为你在不知不觉中演化，让你的愿望与时尚的愿望相统一，实际上你已经丧失了自由意志。[41] 波烈抹杀了女性基于对时尚概念的自觉认识而建立的任何代理能力，从而篡夺了女性对时尚的代理，并有效地利用了他赋予时尚的力量。

很有趣的是，在他初涉入时尚领域时，就认为它具有暴虐、专制和极为重要的殖民主义倾向，正如他的许多作品所描述的那样，波烈实际上更维护它的专制主义。在 1921 年的一次采访中，他明确指出了这一点：他断言现代时尚耕耘的是女性"无限的多样性、任性、个人品位"。但是，他说，时装设计师的工作是"殖民这些无序的奇思妙想：在不露声色中，将自己的品味强加于这些肤浅而多变的女人。[42] 他把自己描绘成一个暴君，他取代了时尚本身反复无常的独裁角色，在描述那些为他工作的女性角色的文字中，这一点表现得淋漓尽致，而这些女性是他成功所依赖的另一类女性。他在第二部回忆录《回归》（*Revenezy*）[1] 中这样描述自己在员工中的角色："一个驯服者，挥舞着鞭子，让她们保持警惕并尊重我，这些野猫，这些可爱但狡猾的黑豹，她们随时准备发起攻击，干掉她们的主人。"[43]

波烈对殖民的崇尚和渴望掌控一切的倾向，在他与妻子丹妮丝·布蕾·波烈 (Denise Boulet Poiret) 的关系中得到最好的诠释，他于 1905 年结婚并于 1928 年离婚。在《时尚之王》中他是这样描述他的求爱经历的，他们青梅竹马，当他的事业刚刚显露成就时，他们开始了恋爱："她非常单纯，自从我让她成为我的妻子以来，所有倾慕她的人肯定不会认为，就我的条件会选择她。但我有设计师的眼光，我看到了她隐藏的优雅。我观察了她的姿态和手势，甚至她的缺点——这可能会变成优势。"[44] 他承认，他身边的大多数人都对他选择这个女人作为妻子感到震惊，"但我知道我想去哪里"。[45] 波烈在这本回忆录中非常坦率地谈到了他选择丹妮丝·布蕾的原因：他想要一个活生生的人体模特，一个他可以真正塑造的女人，以增加他的社会和文化资本。他知道，如果他能把她打扮得井井有条，洞悉她的秘密，他的价值就会增加。卡洛琳·埃文斯指出，她是"她丈夫最好的广告"。[46] 就我的理解，波烈将丹尼丝描绘成一幅生动的画面，是为了展示他掌控女性的能力。在 1911 年臭名昭著的"一千零二夜"[2] 派对上，波烈将丹尼丝置于"娱乐"的中心：把她关在金笼子里。派对开始数小时后，才"恢复了她的自由"，打开了笼子，

---

[1] 《回归》：波烈 1932 年出版的另一本个人自传。——译者注

[2] 一千零二夜：1911 年波烈豪掷千金在巴黎举办的社交活动，来的 300 名宾客都必须身着波斯风格服饰，不然不准入内，里面布置得奢华至极，香槟美酒不断。——译者注

于是她"像鸟一样飞了出去……消失在人群中"。再一次，丹尼丝被监禁和逃跑的轶事象征着波烈对女性的认识，具有不稳定性。故事一方面展现了他的控制，另一方面又告诉我们，女性总是具有逃避他掌控的可能性，正如他在讲述鸟笼事件时承认的那样："我为了追求她而沉溺其中，打断了我无用的鞭子。她在人群中迷失了方向。我们知道，那天晚上，我们正在排练我们生活中的戏剧吗？"[47] 丹尼丝迷失在波烈自己创作的人群中的看法，具有模棱两可的暗示性。一方面，这表明她没有达到波烈为她设想的位置；另一方面，迷路是她个人缺陷的表现。然而，它也可以被解读为暗示她故意迷失自我，暗示着波烈控制的最终失败，并暗示她已经重新拥有了自己的秘密。

　　这个例子非常生动地展现了波烈对自己不稳定的看法，但观看波烈的作品，我们仍然可以发现，获取女性知识，对女性秘密的掌控，仍是他最为成功的杰作。访问秘密，将其晾晒出来，使其公开。这种侵犯阻止了秘密的存在，使它成为静止的对象。女性时尚秘密的理解源自女性之间的关系，仅限女性，因为她们会讲述秘密并相互分享她们的知识。因此，秘密是至关重要的、流动的、随时间演变并在人们之间传播的。如果秘密包含不完整性和不确定性，那么它们也必须包含其拥有者流动的可能性。当我们考虑女性时，这是很有价值的。当然，在这种情况下，不可知性保留了一种希望，让我们能认识不同类型的表征，从而真正了解不同类型的女性气质所表现的社会关系。这是对时尚认识的颠覆，也是波烈在入侵秘密时所丢失的东西。对秘密完全启示的梦想，伴随着对社会关系、社会身份的客观化，这在可观赏的现代性话语的背景下，对女性来说无疑是有害的。

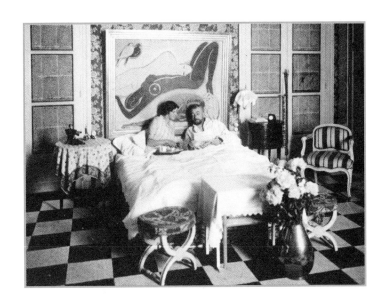

图 2.5　丹妮丝·波烈和保罗·波烈于 1925 年摄于家中，床头上面挂着凯斯·凡·东根（Kees Van Dongen）[1] 的画作。照片得到 Getty Images 的允许，由 Keystone-France/Gamma-Keystone 提供。© Gamma-Keystone/Getty Images。

　　我想通过他对女性的洞察，来思考波烈如何运作女性秘密于掌控之中。回想一下，在西方现代性中一个重要的文化比喻，女性作为一种静态的、史前的、现代之外的存在。但时尚包含了现代性中一种非本质的女性存在的暗示——这是对女性停滞论话语的反击。波烈坚信秘密总是可以揭示的，他渴望介入这种开放、变化和未来感，暗示这些品质非他莫属，并不属于穿着他设计的衣服的那些静止的女性。毕竟她们穿的是他设计的衣服。最终，他对女性秘密的不懈呼吁，作为一种手段，确保

1　凯斯·凡·东根（1877—1968）：法国籍荷兰画家，野兽派，以上层社会女性的肖像作品最为出名，时而浓墨重彩展示人物魅力。——译者注

第二章
保罗·波烈：设计大师的两难
——经典与创新

图 2.6 丹妮丝·波烈身着保罗·波烈的灯罩束腰外衣，摄于 1913 年前后。罗杰·维奥莱特（Roger Viollet）收藏。© RogerViollet/Getty Images。

了他作为现代专业主体的地位。他成为当之无愧的现代时装设计师：他是专业秘密的揭露者、忏悔者。这就是他似乎通过诉诸秘密而获得成功的关键所在，服装和时尚艺术的工作定位转向男性工作，这是一个重要的转向。关乎对男性时尚创作作品理解的不断变化：一系列涉及现代主题的思考，包括存在的本质。

赋予性别的短暂性

设计师对女性秘密的掌控，剥夺了女性进入未来的可能性，反而使设计师看起来与未来保持了一致。这种对未来的主张，在波烈的作品中随处可见——特别体现在作品中的新概念里。但是，时间上的修辞比乍看起来要复杂得多。波烈声称，他的设计同时效忠于几个时间记录，他曾说过一句很有名的格言，摘自他职业生涯相对较早的一次采访，在谈到与杜塞和沃斯（Worth）公司合作的影响时，他的回答振聋发聩："如果我们能更好地掌控过去，我们就越有能力来驯服未来。"[48] 在这里，他建立了可能被视为他自己掌控的基础：他利用现在作为一个有利位置，既可以将自己置于历史中，又可以确保自己的未来。本节探讨了波烈对自己的复杂时间定位和构成他的市场的女性的作用，通过揭示这种特殊的复杂性最终会以何种方式取消女性作为时尚、现代和历史的代理人的授权。

波烈的自我表述显示，在最基本的层面上，他总是在新事物与传统之间摇摆不定。有时，波烈也被塑造成忠于传统。不过，人们经常可以看到，他主张为了创新而致力于创新。这些立场，体现在波烈最著名的创新作品——督政府风格连衣裙的设计里，从中我们可以看到他的矛盾性。线条的扁平化，摆脱了爱德华时代时尚高度控制和不可或缺的紧束造型，这种创新被波烈和其他人视为时尚史上的一个革命性时间标志。沉浸在这么一个自我努力的神话中，沉浸在现代化甚至革命性的言辞中：波烈写道，"我以自由的名义对紧身胸衣发动了战争……"[49] 正如我们在第一章中所讨论的，督政府系列的确是对过去风格的一种概括——毕竟，之所以这么命名是因为它指的是督政府时期的时尚，也就是法国大革命的最后阶段，波烈在创新 20 世纪 00 年代的廓形时，很显然从中汲取了灵感。这些革命时尚本身以古希腊和古罗马的服装风格为蓝本，推动了后来的革命民主理想。当然，这种过去风格的不断复兴是时尚整体结构的一部分。当谈及这一风格的重要性时，我们认为把过去与现在、传统与新事物融合是非常有用的，波烈复兴督政府风格的努力，是他与时间冲突关系的一种物质象征。波烈是一位善于包装过去的大师。在他看来，创新从本质上讲就是对历史风格的翻新，这种表述是理解他时间表达复杂性的关键所在。

理解波烈与现代的关系时会出现两个主要的问题：第一，短暂性的概念可视为一种不停顿的现在；第二，他的作品中过去、现在和未来具有复杂的相互作用。波烈不得不与转瞬即逝的方法所体现的快速变化保持一致。当然，这种冲动来自一种行业驱动。商业上的成功取决于新风格的不断扩散，它们需要在消费者中产生新的渴望，需要在社会中传播。然而，他对新事物的主张却变得复杂，因为他同时对过去拥有怀旧的愿景和对未来持有不确定和悲观的愿景。最终，波烈拒绝了他赖以谋生的当下主义。这种理解，在其主要的自传作品《时尚之王》中有所体现，他再次将自己展现为最富有成果的资源。它对整个人生的叙述，包括对自己童年的描述，为我们提供了一种持续的感觉，即波烈是如何跨越时间，从长远的角度来表达自己的。

他作品的特点并不完全遵从短暂的逻辑，不过这种逻辑对将女性视为现代性主体的概念产生了深远的影响。波烈的言论也体现了时尚代表着更为广泛的趋势。他对女性的不稳定叙述，概括了她们在更普遍的时尚媒体中所扮演的令人困惑的组合角色。波烈唤起了永恒与短暂之间的奇妙关系，后者在时尚中是现代性和变化的代名词。他将自己描绘成具有恒常、坚固和某种沉重的自我，同时又异常适应女性化的易变性和多变的结构，并具有未来导向的天赋。这个悖论在回忆录中的表现方式清楚地表明了它的性别维度。波烈的回忆录是一部非常自我夸大的作品，最终贬低了他的职业生涯，贬低了自我表现所依赖的神秘、短暂的女性。在这里，我将重点放在阳刚和女性化在短时间内的差异，我认为波烈能够对永恒和短暂进行调和，这是一种将女性从现代性叙事中建构出来的新颖方式，同时又似乎将她们置于卓越的现代性之中。他讲述的故事迫使我们发出这样的问题，消费文化是否更普遍地依赖于这样冲突的女性气质。

波烈的复杂时间

阅读波烈的生活叙述，对于定位他神话的时间维度是有帮助的。在这里，他建立了一种以进步为导向的审美，这支撑了他的时尚哲学。对于他的父母，他写道：

> 我记得看着他们发家兴旺，我看到他们在丰富和美化自己的家中所获得的喜悦。他们在 1878 年、1889 年和 1900 年的连续展览中购买的东西，都成了我们的遗产。这些东西并不总是很合适，但它们标志着对最好的渴望，对美的追寻。文化不能即兴发挥。

这里跃然纸上的是一个非现代的善与美的等式。这是一个重要的美学思想，因为它在整本书中反复出现。它呈现出一定的坚固性和持久性，一种有说服力的绝对主义。同样，它也代表了波烈与古代哲学遗产的关系。与此同时，它也代表了一种彻底现代的，依恋自由的进步。但同样，这种时间记录与短暂相反，违背了进步所依赖的短暂时间。

当然，对波烈这样的设计师而言，根植于此类理想的美学，绝非出于商业性的考虑。也就是说，波烈热衷于证明自己是革命者，即使在童年时代，他就迷恋革命。对 1889 年巴黎展览开幕式的采访，他曾这样描述，满是星光熠熠。他写道，这个面向未来的展览，让他在面对它所代表的短暂性时"欣喜若狂"。他写了不受逻辑控制的感性冲动：幻觉、魔法、短暂的光。这种表述更符合波烈所追求的那种角色，通过回顾，建立了与时尚的无常不断变化、不断发展的联系。但请注意，他也说，"展览向我揭示了其他不可预见的奇迹：电的应用、留声机等。我想认识爱迪生，或者写信给他，感谢他，并致以个人的当面祝贺。"[51] 即使在这里，在将自己定位于这些更短暂的现代元素时，他也表现出对一些传统伦理的依恋：爱迪生的科学贡献将是人类的救赎。

基于这样的认识，波烈完成了自己的传记写作；从某种意义上说，他关心的是掩饰自己，掩盖对古典主义的承诺，这些承诺如此清晰地激发了他的时尚哲学。他喜欢寻找一个非历史的过去，并加以利用。对此，可以参阅他在 1898 年开始在雅克·杜塞的家中从事时尚工作的那一章的描述。他以对过去的怀念开篇："那是一个幸福的时代，生活的忧虑和苦闷，税收的烦恼，社会党人的威胁，尚未粉碎思想的追求和生活的乐趣。"[52] 但是，我们发现，波烈用更多的笔触和画面来表现自己的革命敏感性的同时，他的字里行间充满了怀旧的情绪；在同一章中，很明显，他诋毁其他杜塞的员工，他说他们当时就表现出对设计的现代化外观充满敌意。这些同事都是女性。他将这些女售货员描述为"老卫兵"，称她们为"老鹰身女妖，就像奶酪中的螨虫……被年龄蹂躏"。[53] 他称她们为蛇发女妖、野兽和猫科动物。他之所以能够逃脱她们的控制，是因为他交往了一些被描述为"漂亮……优雅"的年轻女售货员。[54] 诋毁过去的同时，将过去女性化，波烈就能够将自己标记为现代主题，即使他是一个四面楚歌的英雄——遭遇过去敌人的代理人所发起的攻击。

很多关于波烈在杜塞时期的讨论，其中包括他所经历的种种矛盾，这些矛盾的描述正是这本回忆录的关键内容：这些无言的声明表达了他对过去价值观的承诺，但被一种革命热情的轻率表达所淹没。这里起作用的部分原因是一种特殊的阶级焦虑。波烈对资产阶级的价值观深信不疑，拥有抱负，他在这个圈子里长大成人，他的设计师职业生涯依赖于此。因此，无论是服装、美学，还是其他方面，在某种程度上，他都受到了来自革命的威胁。[55] 但这种对过去和未来看似自相矛盾的表现也是性别化的。随着书中叙事的展开，对青春、新奇和未来的呼唤变得更加明显，波烈对古典主义和保守主义的描绘也被纳入其中——但肯定不会消失。相反，它们被凝结在复杂的女性形象上。这些女性形象恰巧也承载着波烈本人所拥有的短暂力量。

为了了解这在文本中是如何运作的，我回到本章开头引用的一段长长的引语，它为讨论波烈与女性的关系奠定了基础；它是如此丰富，如此有说服力：

> 一位富有创造力的制衣人习惯于预见，并且必须能够预测将激发后天灵感的趋势。他早在女性自己接受进化轨迹上发生的意外和事件之前就做好了准备，这就是为什么我们不能相信女性会在她们的俱乐部或通过传单、讲座、会议和任何形式的抗议进行抵抗，反

对在他看来是合乎逻辑的、不可避免的并且已经确定的事情。

这里的时间逻辑很特别，有助于解释波烈对其现代性阐述的双重性，以及他对某种前现代的永恒性的明显承诺。要想成功，设计师必须同时占据两个不同的时代：他必须同时适应时尚所代表的新鲜感和变化，并且坚决地置身于静态、非历史性和永久的记录中。对此，他曾有过表述：一切都在预见之中，但他预见到的是一种确信的，正在展开的进步——"进化的轨迹"——这是女性自身的知识和选择所无法触及的。当然，这不是波烈第一次触及进化的思想：他在自传的开篇就讨论了进步的含义，为这种修辞奠定了基础。波烈推崇的那种现代性，虽然看似转瞬即逝[56]，但实际上只是一种进化变异的逻辑，一种保留了核心本质的逻辑。例如，他写道："任何人都不能认为每一种新时尚都奉献了一种特定类型的服装，它将永远取代被抛弃的服装；它也只是一个类似的变体。"[57] 在其他地方，他用进化的术语来描述时尚："就像自然界的进化一样，时尚的变化总是沿着一条连续不断的路线发生的，而不是大跃进。昨天包含着今天，预示着明天。"[58] 波烈对进化的描述很有说服力；然而，正如伊丽莎白·格罗兹 (Elizabeth Grosz) 所指出的，达尔文进化论的特点是偶然的、随机的和不可预测的，而波烈则将进化解释为一个更符合进步意识形态的线性概念。[59]

因此，我们这里所拥有的是时间与知识的融合。由于对普遍的和非历史的知识的依赖，波烈对未来的定位，以及对时尚的短暂可能性的定位，都被他矛盾地纳入了他自己信奉的永恒性之中。依此，我们能找到理解设计师角色的合理性。一切"对他来说似乎合乎逻辑、不可避免且已经成为确定的事情"，他都做好准备，坦然接受。他仅仅知道——这是一种普遍的、不变的原则。设计师与这种绝对主义的结合，尤其是与理性的结合，更是意义重大。其作用是将女性消费者定位在古老的哲学遗产中，这种定位符合常理，将女性与肤浅、易变和非理性联系在一起。

人们很容易把对未来的不断召唤解读为一种激进的开放，并最终解开与时尚相关的女性的静态概念。但在这种情况下，如果将未来等同于男性设计师所代表的永恒，那么这样的解读就站不住脚。因为这里的永恒性建立在与理性的关系上，女性气质被归入一个不同的未来：一个存在于非理性领域的未知未来。事实上，由于女性的短暂性，她们被渲染为不可知，甚至非理性，这是贯穿《时尚之王》的一个主题。波烈写道，"在欧洲，我们早就认识到时尚和女性的不稳定性"。[60] 后来，他在对美国女性的演讲中也提到，"女性对时尚的看法总是相同的，而时尚本身却是不断变化的"。[61] 这里关于短暂性的论述表明，正如我上面所讨论的，女性在某种意义上是时尚的受害者或被殖民者——而不能把她们看作活跃的或知识渊博的消费者。女性和短暂性的并置所提供的潜力，在女性与时尚琐碎的等式中消失了。女性、时尚和非理性的三分法，将女性与艺术联系在一起，这是一条古老的意义链。基于对女性的认识，波烈与女性的较量更为得心应手：他深谙什么对女性最有利，对女性的了解巩固了他的权威，并在一段时间内保证了他在市场上的主导地位。

波烈与短暂的妥协关系只是构成他作品特征的复杂时间节奏之一。另一个特征是传统与新奇的关系，对此，上面的引文中有所暗示。波烈的分析家——主要是记者——在关乎波烈是传统的还是进步的，人们似乎存在着分歧，他们的观点往往与波烈对自己的描述不一致。例如，

图 2.7　波烈在普莱耶尔音乐厅（Salle Pleyel）[1]的露台上，约 1925年。照片由 Lipnitzki/Roger Viollet/Getty Images提供。©Roger Viollet/Getty Images。

1914 年有一篇关于他的文章，称他"非常不现代，不受变幻莫测的风格所触动"。[62] 然而，那时他却坚持声称自己为革命者。可见，他是一个占据和掌握多个时间的编码器。另一方面，《纽约时报》在 1931 年发表的一篇关于《时尚之王》的文章，将他描绘成现代人："对新奇事物保持警惕。"[63] 然而，在他职业生涯的后期阶段，波烈自己的自画像越来越强调新奇不是他的品位和追求，他坚持的是审美和时尚的传统。审视波烈

----

[1]　普莱耶尔音乐厅：位于巴黎市区，建于 1839 年，当时是法国最大的音乐厅，与美国卡耐基音乐厅、荷兰的阿姆斯特丹音乐厅并列为世界三大音乐厅。——译者注

对现在和过去的矛盾认识，可以清楚地表明，他的女性主义哲学来自他同时对传统和创新的忠诚。

波烈将自己塑造成一名革命者，引入督政府风格系列，成为他立足时尚领域的多种方法之一。直到他职业生涯的最后几年，他仍然决心将自己展示为前卫的一员，表现出了一种明显的防御性："前卫时装设计师——无须提醒你，这描述了我——要有刚毅的精神，锐利的目光，强大的拳头。他需要倔强和洞察力。"[64] 再一次，我们看见了设计师的自画像，他的成功取决于他预知未来的能力。这是审美革命者的标志，他居住在当下的空间，但必须努力攀上未来的风口浪尖。

遥远的过去和最近的过去

波烈同样经常宣称自己既转向过去，也关注现在和未来。在早期的一次采访中，在解释旅行对他的服装设计的影响时，他声称："（精英的热门度假小镇）像特鲁维尔（Trouville-sur-Mer）[1]、比亚里茨（Biarritz）[2]、巴登（Baden）[3]，我不感兴趣；我的娱乐是更高层次的。我快乐地转向艺术最真实表达的土地。"[65] 很显然，波烈在独特的法国传统中找到了时尚灵感的源泉。在讨论一位巴黎女性明显与生俱来的优雅和风格时，他认为："毫无疑问，她能直觉地、返祖式地感知美。她的祖母在革命期间制

---

[1] 特鲁维尔：海滨城市，我们通常简称它为特鲁维尔（Trouville），滨海特鲁维尔是法国卡尔瓦多斯省的一个市镇，属于利西厄区滨海特鲁维尔县。——译者注

[2] 比亚里茨：位于比利牛斯山和粗犷的海岸之间，是法国大西洋沿岸最豪华、最庞大的度假胜地，有着得天独厚的宜人气候。——译者注

[3] 巴登：为德国第三大葡萄酒产区，位于莱茵河下游黑森林一带，与法国的阿尔萨斯（Alsace）产区隔河相望。——译者注

作了玫瑰花结，她的祖父用鲜花和蓝鸟装饰了漂亮的药罐。几个世纪以来，她的所有祖先都干同一个行业，制造相关产品……这是一种经过几代人培育出来的艺术感。"[66] 构成这一主张的"返祖主义"概念很有说服力，尤其是因为波烈的工作是天天接受女性本质优雅风格馈赠的礼物。这些礼物来自一个完整的（最近的）过去，女人自然地位于其中。相比之下，他的任务是从更遥远的过去汲取灵感，并将其用于最现代的追求——最终体现在他的服装设计上。我们开始看到性别化的过去、现在和未来不同的类别，过去——即使它被崇拜——也无法抹去其女性化特征。

波烈于 1938 年在美国女性时尚杂志 *Harper's Bazaar* 上发表的一篇文章，声称近代的女性化达到了顶峰。这篇文章的内容基于一次访谈，对话双方是波烈（接近 60 岁）和他的年轻朋友德·特雷森斯（de Tressense），后者声称今天的时尚比早期的时尚更有吸引力。[67] 对这一说法，两人展开了争论，波烈最终说服了特雷森斯。早在访谈前 20 多年，正值时尚的黄金时代，女性的美和优雅远比 1938 年更加耀眼；的确，对于波烈来说，现在的特点是"可怜的、到处可见穿戴不整齐的人体模特"。[68] 他认为，战前时期——也是波烈在时尚领域无人挑战的时期——"是一个女性时代"。[69] 过去不仅仅被女性化了，还被倾注了怀旧、伤感："当今时代已经让许多旧有的魅力消失了，而新魅力又难以生长。"[70] 正如彼得·弗里茨（Peter Fritzsche）所指出的那样，怀旧有自己的时间特征："怀旧不再是对过去的珍惜。独特的品质不再存在，魅力的缺席将持续永久。因此，过去的时间段被定义为受时间和地点限制并且无法进入的禁区。"[71] 在这种情况下，将战前时代指定为"女性时期"实际上是将女性囚禁在那里。如果今天的女性只是"人体模特"，那么她们就缺乏黄金时代女性的真实性，她们是另一种女性气质的遗物，在当代她们是没有立足之地的。由于女性与时尚的短暂时间逻辑密切相关，因此女性作为现代女性的概念所包含的活力在此消散。今天的女性可能是现代的，但她们真的是女性，还是一个没有脸庞的机器人？在构建如此怀旧的女性气质愿景时，波烈将"真实的"女性气质——在他的审美视野中至关重要的——降级到当代之外，一个难以触及的地方。当然，他颂扬这种关于女性的历史观，但在这种情况下，颂扬只会进一步使其干涸和失去活力。

对女性非理性的分类

波烈对过去女性真实性的看法究竟是什么？这是一个值得深思的问题。出现的很多文献在很大程度上揭示了时间（以有时限的女性气质的形式）与知识、掌控，以及与最重要的市场之间的关系。在同一篇 *Harper's Bazaar* 的怀旧文章中，波烈告诉德·特雷森斯他对蕾丝的喜爱和怀旧（他说，蕾丝正被简单的、非女性的面料所取代）："如果你不喜欢蕾丝，你就不会喜欢女人。蕾丝是她们个性的体现。它的纹样图案并无什么特别的使用价值，但正是这种在织物上打洞的无用劳动，带来了特别的魅力，增加了美观，增加了愉悦。"[72] 在这里，他将时尚消费者与制造时尚的女性含蓄地并相提及，一边是生产过程的琐碎，一边是蕾丝制造商所代表的艺术性和专业知识的消退。蕾丝制造商的艺术性和专长显然是女性的艺术，这对他在该领域的统治地位构成威胁，而且证明是致命的威胁。同样，在 1932 年的一系列报刊文章中，波烈为女性气质构建了另一种物质性的转喻。他写道，他想恢复裙撑设计，因为这个配饰"让女性变得迷人，因为它是对理智的蔑视，是对她们独立性的断言，是她们对逻辑的蔑视，是一种情感的表达"。[73] 这些女性肖像画借鉴了历史上关于女性非理性的描述，只是在《时尚之王》中做了更加完整的描述，在这部作品中，女性因缺乏理性而受到贬损，理性的缺乏使她们容易受到时尚暴政的伤害。正如我在上文中所指出的，由于女性容易受到时尚殖民的影响，使得波烈有机可乘，他冲锋陷阵，占领时尚领域。但是，通过将非理性女性置于她的时间背景中，我们可以更全面地了解她在波烈的自我表述中所扮演的角色。

首先，重要的是要注意，在现代性中，理性和时间是相互关联的。正如吉纳维芙·劳埃德 (Genevieve Lloyd) 所解释的那样，在第一章中我们也做了简要的讨论，在启蒙运动和紧接着启蒙运动之后的时期，理性与进步主题充斥着当时的话语修辞。理性与线性时间的这种融合是工业现代性展开的特征，并且无疑为波烈的理性特征提供了支撑。对这一时期的哲学家来说，理性的作用是促进人类摆脱不成熟，并使人类的自由能力得以发展。理性与进步的联系排除了形象的女性气质，因为女性气质被认为深陷于自然之中。[74] 但劳埃德在讨论女性与理性的关系时也发现了一种复杂性和矛盾性。在描述卢梭[1] (Rousseau) 对理性的理解时，她指出"女性矛盾心理进入西方思想的新解决方案。女性被解释为意识的一个不成熟阶段，被不断推进的理性抛在后面，但也是一个奉承的对

---

[1] 卢梭: 让 - 雅克·卢梭（Jean-Jacques Rousseau，1712—1778 年），18 世纪法国伟大的启蒙思想家、哲学家、教育家,18 世纪法国大革命的思想先驱,杰出的民主政论家。主要著作有《论人类不平等的起源和基础》《社会契约论》《爱弥儿》《忏悔录》等。——译者注

象，作为理性对未来回归自然的渴望的典范"。[75] 这种把女性作为理性他者的矛盾结构，有助于思考波烈作品中非理性女性的复杂表现。

随着时间的推移，出现的是一系列非理性的女性。也就是说，人们对战前时代女性的理性——一种盲目的信念，波烈认为正是这种理性造就了他的成功——而今，这种理性让位于一种新的、特别现代的非理性。很明显，波烈认为这种较新的非理性形式是他走向衰落的根源。早期的形式是可操纵的，因此提供了他商业成功的保证。新的非理性的危险在于他无法控制它。这种现代女性对他丰富的风格特点不屑一顾。相反，他自己却陷入被殖民的泥潭。香奈儿（Chanel）和巴杜（Patou）[1]是他在《回归》中重点讨论的人物，他们"拥有特殊的视角，适合为中等客户定制风格并将其传播到不同的社会阶层……但波烈认为他们远不配称为时装设计师和创作者"[76]。波烈认为，将女性变成偶像、将时尚变成艺术是两种不同的追求，具有重要的区别性，这种区别特征在 20世纪 20 年代就已经消失了。这种特征并不总是与社会阶层有如此明确的联系——事实上，波烈对巴黎工人阶级女性与生俱来的时尚感赞誉有加，认为她们知道如何通过着装来体现个性化和区分自己[77]，但他也通常依赖于精英阶层女性的概念，通过个人风格体现女性美。这些是女性——"我那个时代的美女"——他在 1938 年 *Harper's Bazaar* 的文章中哀叹她们的逝去。追溯波烈二十多年来作品中非理性女性的变化，解剖分析她们的结构，揭示了女性不仅与他的自我表现努力相关，而且更重要的是，与他的商业实践紧密地交织在一起。

----

[1]　巴杜：20 世纪 20 年代到 30 年代最伟大的服装设计师之一，他以设计毛衣、运动休闲服装而闻名世界。——译者注

一方面是"波烈时代的美女"的消失，另一方面是导致他衰落的现代女性，两者之间的区别在于她们的个性。对波烈而言，真正的风格和美所需要的不是按照"统一"的审美来着装，而是根据自己的个性，穿得与别人不同。在 1910 年的一次采访中，他向我们暗示了这个立场，在采访中他谴责女性对时尚的盲目追求，并劝告她们选择"适合自己的"而不是同龄女性的穿着[78]。这篇文章嘲笑时尚女性，但波烈的态度最终是积极的；尽管女性自己很难发现"适合自己的东西"，但他会给予她们指导。他很早就发出感叹，认为女性是无法真实表达自己的，基于这种认识，他攀上了作为时尚领袖的地位。他斥责女性，认为她们的选择没有自己的风格，并暗示她们缺乏的选择能力，这样，他就能名正言顺地成为她们的救世主。例如，在上面引用的 1921 年的一篇文章中，波烈认为设计师的工作是"殖民"女性善变的品味，因为如果任其发展，她们将摧毁时尚。

虽然直到 20 世纪 20 年代末，波烈才开始在他的写作和采访中表现出对统一性的困扰，就像时装之死一样，但我们看到这种情绪早在 1913 年他第一次访问美国时就初露端倪。在 1913 年和 1914 年几个月的时间里，他在《纽约时报》上发表了一系列文章，首次指出女性的统一性问题是个地域问题：它源自美国。他说，"即使在她的着装中，她也是在模仿，但并不大胆……他的言论发起了对统一性的抗争。它粉碎自由，束缚个性，将所有美国女孩捆绑在一起，就好像她们是时尚的罪犯"。[79] 系列文章发表几天后，在一份公开的档案中，他表达了同样的观点："她被压抑，缺乏感性，对艺术没有兴趣，僵化，非原创，在思想和感情上受清教徒传统的束缚。"[80] 波烈相信，这种不幸仅是美国女性的不幸，不会影响法国人；他在抵达美国后，告诉记者，"每个民族都有自己的专长，而优雅是法国的东西。这就是为什么法国时尚是最普适的"。[81]

然而，在 20 世纪 20 年代，对女性（包括法国女性）更普遍的谴责，更多地聚焦在美国式的统一性和独创性的缺失。当然，战后时期，波烈的星光略显昏暗；十年来，他被人超越，其中最重要的是香奈儿。1925年，他失去了对时装屋的控制权。南茜·J. 特洛伊描述了波烈对他的业务逐渐失去控制的情况："以美国垄断资本主义为模型的现代商业实践，取代了个人化、自由放任的经营方式，后者奠定了他作为战后首席时装设计师的成功地位。"[82] 她争辩道：在标准化、大规模生产和大众消费主导的商业环境中，他的时装品牌被认为是一种陈旧的恋物癖，用于抗议不可阻挡的去个性化过程。[83] 到 1923 年，面对时尚的民主化浪潮席卷而来，波及面越来越宽，波烈不得不宣布原创性死了。他在这种情况下暗示女性："今天，民主取得了胜利。是大众将他们的品位强加于精英，而不是精英强加给大众。社会女性害怕创新。他们让自己被引导。"[84] 对此，他提出了批判，言辞还是相对温和的；不过在接下来的这十年中，他对女性的抨击显得更加尖锐。1927 年，一位记者转述了波烈对时弊的评述：

> 今天的时装设计师不是提出新想法的人。相反，是女性强加了她们的偏好。虽然我们承认一些女性是艺术家，但品位和创意只是少数人的特权，最终，大众制定了法律，我们可以说时尚正在消亡，成为标准化和非精细化的受害者。[85]

此处的批判比较感性。然而，波烈认为女性诉求善变、多变，与战后时尚标准化和工业化的趋势一致。回想一下，波烈在时尚和女性之间画出了两条平行线，认为两者都是非理性、不可预测，都缺乏实质内容。渴望两者都在他的掌控之中，他拿出家长式调解姿态，出现在两者之间。现在，时尚和女性的星座似乎已经失控——在新的极简主义设计师的统治下，女性对时尚的喜爱蓬勃发展，他们对女性着装进行了简化。随着波烈的谢幕，控制时尚和女性的不再是设计师。相反，游戏控制手柄握在了女性自己的手中。[86]

在这里，我们看到了对波烈产生影响的非理性概念的突变。早期对女性气质的描述中，大多会使用反复无常一词，后来的问题更多聚焦在标准化上。显然，女性完全屈服于千篇一律，再次纵容她们缺乏理性：这一次，她们放弃了很少的创造性冲动。理性是建立在自由和人的概念之上的，人利用能动性做出创新或其他选择。哈维·弗格森写道：

> 理性原则被认为是每个人固有的，因此，当允许自由表达自己时，身体会不断地满足只能通过集体生活才能满足的需要。因此，自主的个人被引导选择以适当的方式行事，并不可避免地选择以有利于维护现代世界和良好秩序的方式行事。[87]

因此，作为对个人自主性的深层次威胁，标准化时尚体系的入侵重塑了女性的非理性，也阻碍了女性理性选择的有限能力的发挥。在波烈看来，这一次，非理性的女性赢了。作为消费资本主义空洞而贪婪的代表，她们在民主化进程中步入歧途，她们和她们所代表的制度，远比波烈在第三本回忆录《艺术与哲学》中描写的金融家更邪恶，是这些人彻底毁了他。[88] 女性代表着现代工业生产的危险，具有致命的杀伤力。[89]

南茜·J. 特洛伊在《文化：现代艺术与时尚的研究》(*Culture: A Study in Modern Art and Fashion*) 一书中讨论了时尚的艺术要求和商业压力，两者关系紧张，而波烈正好置于两者紧张对立关系的中心。她指出，波烈一方面坚持他作为"艺术家和创新者"的身份，同时又默许定义时尚的新市场逻辑，这似乎与时装设计作为艺术的定义不一致。[90]这种张力终结了他的职业生涯。仔细分析波烈自我描述的文本，可以扩展特洛伊对波烈的丰富解读。波烈通过写作进行自我塑造，努力保持自己的艺术家声誉，为我们提供了一个重要的视角，能更好地了解他为对抗市场杂质的污染所做出的努力。一次又一次，他选择用关系术语来描述这场斗争。他认为，作为艺术家，他时常遭到女性的误解和诽谤，从而导致他的时装屋解散。特洛伊所描绘的艺术与商业之间的紧张关系是通过对女性气质的调用而表现出来的。特别是波烈对女性和女性气质的描绘借鉴了现代女性的更广泛的比喻。在他的职业生涯中，女性的地位从被贬低，到被吹嘘，到确立为现代性的代表——审美的现代性确保了波烈的成功和声誉——进而转变为具有威胁性的现代性。在这两种情况下，它们都承载着波烈的兴趣，把他铸就成一个真正的创新者和无可争议的时尚之王。

女性与波烈的遗产

如果从这个角度看，对 20 世纪 20 年代后期女性的描述，波烈越来越怀有敌意，当然，可以把这种描述视为一种持续的自我纪念的一部分。对波烈来说，从财富到贫困的道路妇孺皆知。例如，法国、美国和英国的媒体都对他领取福利金一事进行了大量报道。[91] 1944 年《纽约时报》刊登了他的讣告，指出：他从一开始就注定会走向衰落；他的时装屋最终失败了，他慢慢地变得默默无闻，这就是他留给人们的最后记忆。[92] 从某种情况上讲，为了对抗人们的这种看法，波烈在 1929 年解散时装屋后，从事大量写作，出版了三部自传体文集，还偶尔撰文发表在 *Paris Soir*、法国版 *Vogue* 和 *Harper's Bazaar* 等主要媒体上。这些后来的作品都表现出强烈的怀旧情感，而女性是其核心内容。很明显，波烈在这个时期的写作，是为了巩固其声誉，安排自己的纪念。由此可以看出，他最后的纪念战略，就是洗刷他职业生涯最后几年所留下的败笔，其中女性扮演着重要角色。我们看到，在战前，人们为他们的反复无常和不理智拍手叫好。在晚些时候，衬裙重新流行，被看作女性个性的彰显，赢得敬意，当然在他的描述里，也不乏哀叹，怀念那个曾经拥有的"我那个时代的美丽"。像这样的图像与他希望我们记住的波烈相关联，它们将过去的女性隔离开来。他努力通过这样的形象重新成为一名文化参与者，在对女性气质的怀旧挪用基础上建立遗产，使他像最初那样成功。正是通过考虑波烈自我表征档案中女性形象变化的时间性，我们可以看到，即使在波烈的生意被摧毁之后，女性仍是他维持时尚统治的重要支撑。

正如布尔迪厄的文化领域社会学所表明的那样，在当前之外的时间，孤立竞争对手，是文化生产者的一项关键战略。时尚尤其如此，它在很大程度上依赖于对当下的依恋和不断的更新。只有仔细审视他无数的自我表现，波烈才发现他的竞争对手正在消费女性——而不是香奈儿、巴杜或任何其他设计师——并且他将他们的主要战场视为知识战场之一。不知不觉中，他揭示了知识形式与现代市场的关系。波烈肯定了他作品中所表现的艺术天才的愿景，同时又否认了市场的作用。另一方面，女性近乎偏执的呼唤、藏匿的知识，以及她们反复无常和不理智的行为，都成为他商业成功的重要因素。波烈对女性气质矛盾的、近乎专横的理解推动了他的职业生涯，其中艺术性与商业性之间的紧张关系是最重要和最不稳定的因素。然而，它们的不稳定性并不意味着就不会成功。正如佩内洛普·多伊彻所说，"矛盾和紧张并不能减轻（厌恶女性者的表述）"。他们支持基于男性中心主义的女性和女性气质理解。[93] 波烈的文本档案向我们展示，事实确实如此：尽管女性在这里以各种形式出现，她们都因其女性特征，而受到屈尊放纵和严厉斥责，波烈最终努力为自己留下了一份纪念性的遗产，留给我们关于女性的画像是一张女性工程师的照片，不仅是他败落的照片，而且是整个时代的缩影。最后，女性是现代的，这是毋庸置疑的。但现代人的道德观和美学观已经转移，因此这一范畴即使没有遭到贬低，也会受到根本性的质疑。对于波烈来说，只有当现代成为自身毁灭的根源时，女性才会居住在现代。因此，我们开始理解女性在他重建生活和工作中所起的复杂作用：她们既是他登上荣誉殿堂的阶梯，又是他陨落的加速器。

图 3.1　艾尔莎·夏帕瑞丽个人照，摄影师，欧文·佩恩（Irving Penn，1917—2009），明胶银印，1948 年。费城艺术博物馆收藏：Gift of the Artist，2005。

第 三 章

艾尔莎·夏帕瑞丽：
魅力、隐私和永恒

艾尔莎·夏帕瑞丽（1890—1973）出生于意大利罗马，成年后主要生活在法国巴黎，偶尔居住在美国。1925 年夏帕瑞丽开始从事服装设计，当时她作为一名离婚的单身母亲住在巴黎，受雇于一家小型的创业时装店，次年时装店关闭。此时，她已经结识了一些服装行业的人员（包括她非常钦佩的波烈）和几位艺术先锋派的成员，她以自己的名义开始设计服装。1927 年，夏帕瑞丽发布了她的首个服装系列，这次亮相以她著名的"错视画"（Trompe l'oeil）[1] 毛衣为特色，法国版 *Vogue* 对这场时装秀做了专题报道。在 20 世纪 20 年代末到 30 年代，她以设计运动装而闻名，虽然她也设计晚礼服，但在她的职业早期，主要为女性

---

[1]　错视画：特指那种把画面的立体感、逼真性推向极端，使人产生真实的错觉的绘画形式；是一种利用真实的图像创造深度视觉错觉的艺术形式。——译者注

设计实用服装，例如，女式裙裤（trouser-skirts）[1]，以及泳衣和旅行服装。随着 20 世纪 30 年代的发展，她逐渐成为巴黎顶级时装设计师之一。尽管她的时装屋的经营维持到了 20 世纪 50 年代，但她最辉煌的十年是 20 世纪 30 年代。

20 世纪 30 年代末，夏帕瑞丽开始与萨尔瓦多·达利（Salvador Dali）[2] 等超现实主义者合作，这些合作非常出名。虽然这些合作设计只占她整体作品的一小部分，但相比她的其他作品，它们更为耀眼。她经常被铭记为"超现实主义设计师"。不过，这个名称不能概括她设计的多样性，以及 27 年一直主持时装屋，创造的多种变化形式。尽管如此，即使看似简单和简约，但她设计的服装也往往包含有与超现实主义者共享的情趣追求，甚至有些建构元素具有细微相同的荒谬感。例如，她延续了错视画系列的某些元素，并注重设计套装等实用服装。她的纽扣设计更是声名大振，她能使纽扣在一件原本普通的夹克或衬衫上脱颖而出。例如，她能把纽扣做成胡萝卜、萝卜和卷心菜的形状，令人耳目一新。《时代》（*Time*）杂志在 1954 年写道："夏帕瑞丽夫人以病态的热情迫害纽扣。"[1] 除了超现实主义的影响外，她设计的香水也名扬天下，特别是一款名为"震惊"（Shocking）的香水，1937 年首次亮相就引起了轰动。她还为大约 60 部戏剧作品和好莱坞电影设计了服装。

---

[1]　裙裤：裙裤是布料轻薄，裤管展宽外观似裙的裤子，男性和女性皆可穿着，像裤子一样具有下裆，外观形似裙子，是裤子与裙子的一种结合体。——译者注

[2]　萨尔瓦多·达利（1904—1989）：超现实主义艺术大师，与毕加索和马蒂斯一起，被公认为是 20 世纪最具代表性的艺术家。在其作品中总是能够将怪异梦境般的形象与古典传统绘画技巧惊人地混合在一起。——译者注

图 3.2　1931 年，在伦敦海德公园，艾尔莎·夏帕瑞丽（右）穿着
她的女式长裤。福克斯照片 /Getty Images 拍摄。©Getty Images

　　夏帕瑞丽在第二次世界大战期间两次逃离巴黎，生活在纽约及其周
边地区，远离战争冲突。不过，她的时装屋并没有因她的远离而一蹶不
振。战后，当她回到巴黎时，重振旗鼓，再次成为时尚界的翘楚，继续
她的设计风格，异想天开、充满想象，尽管其风格往往与战后流行的克
里斯蒂安·迪奥（Christian Dior）的风格大不相同。遗憾的是，她没能
重新获得战前的人气。1954 年 2 月，夏帕瑞丽展示了她的最后一件收
藏品，同年 12 月，她的时装屋宣布破产。

图 3.3　艾尔莎·夏帕瑞丽著名的"龙虾连衣裙",与萨尔瓦多·达利合作设计,摄于 1937 年 2 月。费城艺术博物馆 收 藏,Gift of Mme Elsa Schiaparelli,1969 年(1969-232-52)。©The Philadephia Museum of Art/ Art Resource

双重时间,双重生活

　　夏帕瑞丽 1954 年撰写的自传《令人震惊的生活》(*Shocking Life*)的开场白令人好奇。夏帕瑞丽以第三人称的口吻描述了自己,在整个文本中,她的讲述断断续续,她写道:"我只是通过道听途说了解了夏帕,我只在镜子里见过她。"[2] 在这里,她出人意料地直言不讳地将自己塑造为一个"分裂"的人，是一位内心生活丰富多彩，拥有以多种自我愿景特征 [3] 的女性。在回忆录中夏帕瑞丽使用单数第三人称，反复提到自己，实现了这一开端所暗示的承诺。此举表明，她对自我心存不安，有悖于作者的初衷，她曾试图将自己塑造成特立独行的设计师，甚至还虚张声势标榜自己是一个革命者。

正如当代文体学家指出的那样，这种对多重自我的公开游戏放大了自传写作的一个共同特征。这种形式与传统的写作要求并无实质差异，基本保持了自我概念的连贯、完整，不过在传统写作中，人们假设理性自我随着时间的推移而发展，这种自我能够在写作中更清楚地评价和评论。然而，正如女性主义和后殖民自传写作理论家所指出的那样，更多的实验性自传往往会引起人们对自我内在多样性的关注。这正是夏帕瑞丽所做的。然而，这并不是夏帕瑞丽的自我表述策略自相矛盾的唯一方式。对于熟悉时尚节奏本身的读者来说，这本书的时代标志也包含着一种显著的张力。一方面，这本书描述了夏帕瑞丽对高级定制时装世界的浸润，以及它特有的时间性：时尚的时间是有节奏的、周期性的、历史性的，最重要的是，它是短暂的，从根本上是多变的，正如作者自己所说："一件衣服一诞生，它就成为了过去。" [5] 在《令人震惊的生活》中，夏帕瑞丽的自画像就是沿着这些方向铺陈的。这是一段移动的，甚至有些节奏疯狂的叙事，讲述了一个旅行者的故事，她不会在任何地方停留太久。给人的印象是，她的身份就像她的事业一样具有短暂性。从这个意义上说，故事的时间性与叙述者对分裂自我的复杂表述是一致的。然而，用夏帕瑞丽的话来说，这种叙述不断地指向"超越之地"，那是自我"神圣"元素的家园 [6]，这种超越具有不同的时间性：它是永恒的绝对。因此，作品中一个重要的张力是，它处在一个由这种运动定义的行业中，面对时间的无情运动，同时，另一方面又存在令人着迷的超越时间维度的可能性。

在这本书所涵盖的时间段里，这种张力恰好反映在她对生活的传记性和自传性描述之间的冲突之中，这种冲突也表现了设计师对时间定位的感知。夏帕瑞丽以前卫和超现代派的身份被人们铭记。设计师克里斯汀·拉克鲁瓦 (Christian Lacroix) 在 2004 年的一篇反思文章中回忆道："20 世纪 60 年代，当我还是个孩子，也不过十多岁时，我在家里或跳蚤市场上找到一些旧时尚杂志，从中认识了夏帕瑞丽的风格，如此多的现代性所带来的冲击真的是一种洗脑。"他总结道："他今天的感受仍然如此。"[7] 因此，拉克鲁瓦将她定位于（永远）与现在和未来相关。[8] 这种把夏帕瑞丽作为一个典型的现代人物的理解，类似于媒体对她在公众眼中的那些年的描述。例如，*Harper's Bazaar* 1932 年的一篇人物特写中写道："作为一个彻底的现代主义者，她赋予她的服装现代结构、现代思想和现代运动的精髓。[9] 这种描述，包括其他类似的描述，将夏帕瑞丽的独特性与她的创新品质联系在一起，并揭示她与各种艺术现代主义者的联系，由此说明她与当下的关联。不过，这种方法忽略了她服装设计的多样性。夏帕瑞丽的现代主义很复杂，远不是简单地接受新事物。例如，在 20 世纪 30 年代末，就在她与达利和谷克多进行著名合作的同一时期，她也参与了时尚界更广泛的新浪漫主义（neoromantic movement）[1] 运动。她在 1939 年推出的系列设计，包括束腰廓形的带

---

[1]　新浪漫主义：19 世纪末至 20 世纪初流行于德国、奥地利和英国等国的文学思潮。它是象征主义、颓废主义、唯美主义与消极浪漫主义的混合与发展。——译者注

裙撑的及地连衣裙，它让人想起克里诺林式的维多利亚时期连衣裙，这是战前几个月的一个特点（战后迪奥等品牌重新设计了这种款式，尽管更为夸张）。

她的服装设计不仅为无拘无束的新事物提供了一种反面论述；此外，当与她在《令人震惊的生活》中的自我表述相对照时，夏帕瑞丽的超现代感就成了问题。在回忆录里，她并没有把自己塑造成一个创新者，一个当下的代表。媒体所引用的关于她的现代性的"证据"——她的超现实主义的设计，她的现代主义的家，她与艺术"革命者"的关系——在这幅肖像中荡然无存。书中更强调的是人际关系的细节，她的童年和她在第二次世界大战中的冒险经历。这幅画像将她描绘成一个反传统的人——就像她在媒体上所描述的那样——但它只是将这种反传统定义为一种个性特征，而没有将其置于她的工作、行业或与艺术家的关系的背景中。正如我在上面提到的，这本书显示出她更倾向于关注永恒性而不是现在。当然，《令人震惊的生活》并不是一幅完整的画像；对夏帕瑞丽的人格"真相"的揭示，并没有比新闻报道更准确。毫无疑问，在她的时装屋关闭的同一年，出版这样一本书，一定涉及商业方面的因素，其写作背景变得更为复杂。尽管如此，夏帕瑞丽的叙事选择，与她在媒体的斡旋下所做的选择截然相反，令人震惊。在新闻和夏帕瑞丽的自我表述中，存在着差异，这种分歧源于何处，这种紧张感就像一种象征：可以肯定的是，它象征着她难以描述的自我，也象征着她的作品和遗产中弥漫着的时间复杂性。

当然，目前的研究是关于自我表述中的时间和女性气质之间的关系，以及围绕着时装设计师，媒体所做的报道和记录。当然这些文本所反映的利害关系略有不同。书中涉及的一些男性例子，依据时间关系，以及他们对女性气质做出的定义，给女性的定位，对女性工作和她们的公共角色的理解，然后对他们做出一些区分。在性别系统中，男人和女人是对立的他者。基于时间性，男人们习惯把女人描绘得既遥远又贴近，或者两者兼而有之。因此，他们依据自己职业或行业的性别政治背景，对其自身的男子气概做出理解。对夏帕瑞丽来讲，他者的对立性，并不是那么清晰可辨。因为她是一个女人，她用女性特质作为她建立职业形象的概念基础，有别于男人对女性特质的利用。夏帕瑞丽和其他人一样，根据不同的背景，把女性描绘成时而近在咫尺，时而远在天涯。但就她而言，在她所讨论的众多女性中其中一个就是她自己。因此，关于女性的特质，她的观点与别人的观点并不存在本质上的差异。夏帕瑞丽讨论了两个层次的"他者"：其他女性，她们在文本中虽然模糊，但却十分突出，最重要的是，她们在文本中是一种"他者"。每一个层次的差异性都表现在重叠但波动的时间特征上。她与这两个他者的关系告诉我们，设计师被迫处于什么样的性别地位。

在本书研究涉及的作者中，对于整个时尚，尤其是时尚的短暂性，没有人比夏帕瑞丽表现出更多的矛盾性。要理解这种矛盾心理，有必要回顾一下她进入时装设计行业时的情形。正如她在《令人震惊的生活》中所述，她这样做是出于实际需要。她离了婚，住在巴黎，没有任何收入来源，于是她开始设计著名的错视画毛衣，以此作为一种赚钱和确立职业的方式，她称这是她人生的"转折点"。[10] 她并不总是追求时尚；她踏上了任何一位神志清醒的人都不会选择的道路，这完全是偶然的。[11] 她与本研究中涉及的其他设计师不同，人们认为设计师应该具有一种形象，职业驱动他们把服装设计作为一种艺术——就像艺术家一样，工作是被艺术所吸引。夏帕瑞丽本人像其他人一样，也认为设计是一种"艺术"，但在她的书中，她对设计的艺术性的描述非常简短，只是一些补充性的点缀，在写作的后面部分既没有展开，也没有进行深入的讨论。[12] 因此，她觉得没有必要解释她所描述的日益增长的矛盾心理，也没有必要解释她最终的退出。她总认为自己没能踏上成功和名声所依赖的节奏。

卡洛琳·埃文斯将夏帕瑞丽解读为"分裂"，这当然是正确的，因为她在自传中对自我的复杂表述，以及她对服装设计的讨论，都能证明这一点。受此分析的启发和扩展，我们将在本章中探讨这种表述的时间利害关系。在建立夏帕瑞丽与她工作的行业之间的关系的过程中，这种前后一致的自我质疑具有什么作用？在她的自传中，我们能发现夏帕瑞丽的魅力，更多体现在她对时间多重性的管理策略上。凭借对许多重要对立面的质疑——表面和深度，永恒和短暂——她的魅力意味着，在一个矛盾的女性角色中，时尚有可能干预现代方式对性别和时尚的认识和思考。

分裂的自我和设计中的性别政治

除了狭隘的个人主义分析，夏帕瑞丽分裂的自我可能告诉我们一些重要信息，有助于我们了解她作为设计师与职业的关系，以及一个引人注目的公共职业所面临的潜在风险。最值得注意的是，它告诉我们一些关于这个职业的性别政治，对于一个女性设计师来说，她必须与行业的节奏保持默契，她还必须同与之共事的女性建立关系。夏帕瑞丽所代表的那些女性化的人，无论是在内部还是在外部，都要经受曲折和打压。

她们表现出的这种不稳定性清楚地表明，对于女性设计师来说，如果想实现时间性别化，或者塑造自己的魅力，就必须对她的人格进行积极的管理。因此，魅力理论能更好地帮助人们理解夏帕瑞丽，这种理论揭示了在观赏表面之下难以接近的、有深度的，一种准魔法感知的状态。重要的是，魅力有一个特定的时代特征。它似乎抓住了迷人的人物，将她置于现代之外的永恒领域。夏帕瑞丽利用魅力来确立自己的地位，也为了区别于她的事业所依赖的那些时间有限的女性顾客。然而，把自己置身于时间之外的努力总是失败的：无论她怎样努力，她都无法逃脱时尚强加给她的节奏。其结果是一种高度矛盾的自我表述，其中夏帕瑞丽站在公众人物的角度，指出了时尚行业对女性的利害关系，其中包括将她们置于工业现代性时代内外的可能性。

夏帕瑞丽追求永恒，在她看来现代女性的气质看似华丽多彩，但实则变幻莫测，令人沮丧，对此，她提出的回应是追求永恒。在寻求与现代女性的比喻保持距离的过程中，夏帕瑞丽有效地为女性主义现代性研究的一个基本假设增加了一种时间密度。面对生活节奏日益激烈的时代特征，一大批女性主义批评家勾勒出新女性形象的轮廓，永恒的、平静的、母性的、无处不在的。但这种勾勒会产生一些有害影响，它们将女性置于史前状态，使她们与现代社会隔绝开来。当然，一些关于时尚的女性主义研究被用来展示这个故事的另一面——女性与时尚的结盟，实际上是关注如何将她们与现代性联系起来，因为时尚通常被视为具有现代生活短暂性的范例。不过，这些说法往往忽略了时尚对永恒性的修辞表达，企图将女性分为两种，一方面将女性作为超现代的代表，另一方面将女性作为永恒的代表，前者可以掩盖后者在文化永恒性方面所做的工作。但是，在这个时代里，时尚的时间标记明显，能更明确地与包括永恒在内的多个时间域协调一致，此时，如果一个女人渴望永恒，尤其是当她这样做是因为她深受其蛊惑时，她渴望的永恒意味着什么？

除时间性外，呈现自我肯定还有很多必要条件，而时装设计师在市场中的独特定位就是其中之一。在所有时装设计师的回忆录中，超然的艺术性描述当然是必要的，因为它在概念上与真实性联系在一起。时装设计师需要让公众相信其艺术性和真实性，否则他们所从事的工作可能会被肤浅、不真实和欺骗"玷污"。作为艺术家，他们希望被大众所接受，虽然他们处在一个与商业必然联系在一起的领域，但他们希望挑战艺术和工业的分离。对永恒性的追求，似乎有违行业的商业性，但它有助于增加艺术性。撇开这个问题不谈，我们可以把夏帕瑞丽关于永恒的话语解读为在多个层面上的运作。其中之一是，它提供了一种含蓄的关于女性气质和永恒的哲学，事实上，这揭示了与市场截然不同的二元性。

魅力的节奏

回顾关于魅力的理论讨论，我们会发现其特征与艾尔莎·夏帕瑞丽的个人形象之间有着显著的一致性，她是一个与时间有关的人物。魅力可以作为一种社会货币，它的出现可以通过两种方式与时间联系起来。首先是它的定义。在试图定义魅力时，我们发现它与超自然概念相联系。自 19 世纪早期以来，它被用来表示某种神秘的、不可言说的品质。它来源于表示神秘知识、魔法和神秘的词汇。正如卡罗尔·S. 古尔德 (Carol S. Gould) 所指出的，具有"魅力"的人能使人着迷。[13] 一个人的个人魅力可以通过他的神秘光环，他最终神秘的自我投射，让人着迷。根据伊丽莎白·威尔逊的说法，魅力取决于隐瞒、秘密、暗示和隐藏的东西。[14] 而富有魅力的人则是如此的孤僻，冷漠，他们是一种同时拥有"可接近性和距离感的神秘混合体……"，既不透明也不遮掩……(但)半透明。[15] 当然，这一切都隐含着一个时间维度：在它与超自然和神秘的联系中，魅力指出了一个超越时间的领域，不受世俗事物的时间逻辑的控制。那么，魅力四射的人之所以能保持距离，让人难以接近，部分原因在于他似乎存在于一个永恒的空间里。出于这个原因，正如威尔逊所阐明的，他也与对死亡的原始恐惧联系在一起，因为死亡是脱离时间的最终标志。[16] 朱迪丝·布朗 (Judith Brown) 从理论上认为香烟是一种魅力的象征，指出它"似乎让时间停止"，并指出这种特殊的魅力是"冷酷、冷漠、致命……从尘世的忧虑中卷走，仿佛吸了一股烟气"。[17] 迷人的身影随着烟雾飘散，蜷缩着远离尘世的时光，停滞、静止、遥远。这是魅力短暂性的个性化维度。

魅力回应时间还有第二种方式，它的出现是现代性特定历史条件的结果。斯蒂芬·冈特尔 (Stephen Gundle) 认为，将这个术语历史化，可以让我们理解它的出现与民主化、城市化、消费主义、休闲化的兴起和阶级界限的模糊有关。[18] 威尔逊指出，魅力在工业化时代开始时重新出现，随着君主制被推翻，治理和领导的确定性被打破，浪漫主义者对工业化的强烈反对也随之出现。[19] 就布朗而言，她将其追溯到更普遍的工业现代主义，即一种对神圣威胁更广泛的文化关注，这种神圣以大众文化为代表。无论如何，魅力与西方现代性的历史条件之间的联系是显而易见的。魅力作为一种松散的审美范畴出现，是对文化变化的回应，并因此成为这种变化的媒介。它以一种可理解的品质在时间似乎加速的时刻出现，这种时间加速正在把日常世界变成都市人焦虑的体验。[20] 魅力或许可以被理解为一种表达，人们眷恋着正在消退的平静，面对现代生活，人们产生了一种令人不安的移动体验。

当然，魅力通常是通过女性化来体现的，最显著和明显的是通过一系列标志性的女性和女性化的物品，如衣服和香水等。[21] 因此，冈特尔认为，除了作为对消费主义和民主化的回应之外，在美好年代（Belle Époque）[1]，魅力流行的文化也表达了一种"对女性的痴迷，将其作为现代性冲突和承诺的文化编码器"。[22] 这是一种女性气质，它承载着对现代竞争的反应。布朗写道："魅力既是一种商品……也被认为是一种明显的现代主义，一种正式的东西，与商品的生产和包装相比，其物质性更少。"[23] 这是魅力的基本张力，然后，作为一个女性化的形式，它被置于快速发展的工业现代化时间里，与商业产生联系，但在另一个维度里，它却展现了永恒性。作为时尚女性的迷人形象必须同时指向多个时间维度。

这让我们想到了夏帕瑞丽，她通过不断提及一些永恒的维度来塑造自己的魅力。她的例子表明，魅力一方面具有现代社会的经典节奏，与工业和媒体技术发展的合拍律动。节奏很快，甚至很疯狂。但她的刻画揭示了这种魅力的另一个方面，一个超越了夏帕瑞丽公众形象的深刻的个人层面：我们在上面提到的灵魂和神性的永恒领域。因此，夏帕瑞丽的魅力挑战了另一种二元表述：它挑战了两种时间概念之间的鸿沟——历史的和非历史的、社会的和神圣的。魅力的双重性揭示了永恒性，它

---

[1] 美好年代：随着工业革命的影响波及整个欧洲大陆，从 19 世纪末至第一次世界大战爆发前，欧洲社会进入经济高速发展时期，被称为美好年代。——译者注

是现代性狂热时代的重要基础：不是它的对立面，而是它的孪生兄弟。它始终存在，照亮了现代主义对立面的裂缝。[24]

夏帕瑞丽的自画像还展现了魅力的其他特点，通过对分裂身份的描绘，她的自我显得遥不可及，但与此同时，我们又仿佛能听见她在耳边细语，书中描写了一些生活中相对平凡的片段，这些描写使她变得平易近人。她与女性魅力的典型代表——葛丽泰·嘉宝 (Greta Garbo) 有着很多非常相似的地方。布朗这样描述嘉宝："她具有所有的个性，但同时又没有个性：吸引了数百万人的嘉宝，对公众来说仍然是一个十足的谜……她渴望出名，但对出名又心怀抵制。"[26] 布朗提到了嘉宝的"拒绝"，包括她对个人生活的沉默，她几乎没有留下任何具体的档案可查。当然，夏帕瑞丽出版了《令人震惊的生活》，她不能拒绝宣传。但她对自己的私生活也是出了名的避而不谈，没有留下任何文字书信或日记的痕迹。对其公众形象可谓精心管理——这是她事业健康发展所必需的，尽管这与她自称的害羞相违背——她的确算得上一个神秘莫测的人。因此，与嘉宝稍有不同的是，她身上有一种似是而非的、难以接近的魅力，这种神秘最终成为她魅力的基础。

由于神秘和秘密暗示着深度，因此精心编织的魅力理论不会仅仅呈现为一种表面效果。相反，魅力也包括内在品质和智慧。[27] 卡罗尔·S. 古尔德把魅力描绘成一种自我的表达；她认为，"它来自一个人自身的内在经验模式"。[28] 魅力仍然与一种外在观赏的展示联系在一起，它通过现代性的视觉文化——电影明星、时尚——表明，它确实是一种可视形态的展现。但这种表面可视性所代表的直觉秘密，使表面与深度的关系变得复杂起来。它们的关系不是对立的，就像早为人嫌弃的区分一样，真实性代表深度，技巧代表表面性。魅力作为一种内在生活的表达，即使自我表达可与人格有精确对应，但并不意味着内在和外在之间存在着必然的直接联系。如果存在这样一种直接联系，就不可能产生任何神秘，表面只会引导观察者去寻找自我的真相，更确切地说，魅力是一种将表面和深度结合在一起的品质，二者之间不存在二分法。"深层的自我"是存在的，但它的存在难以捉摸，它只不过是这个谜，通过魅力的表面关系表现出来。这种说法与世俗的说法有一些微妙而重要的不同，它不完全赞同表面与内部的直接对应。在这里，内在仍然是不可知的，而问题不再是"自我是什么？"而是压根就不可能触摸到那个自我。魅力不仅具有深刻的内在维度，而且还是一种社会模式。它维持了迷人的人物和她的观察者之间的一种积极探索的关系：他们问她问题，关于她的事，但她总是拒绝回答。

这里我们联想到了格奥尔格·西美尔的时尚和装饰理论，他认为时尚和装饰构成了一种辐射场，由他所谓的"人类放射性"组成。观察穿戴者，试图解读她的作品，将穿戴者和观察者的观察同时置于一种视觉/物质的网络中。据此，我们可以观察到装饰在个人和社会世界之间起到的中介作用，通过视野变化来传达自我。[30] 魅力的作用方式大致相同，通过不断解释迷人形象的奥秘，建立自我与社会世界之间的联系。因此，对于夏帕瑞丽来说，魅力是一个特别合适的概念，她的表现手法揭示了表面与深度之间的相似之处。毫无疑问，她被视为一个有魅力的人物，表面上，她拥有视觉可亲近性，它邀请公众进入，与她建立一种社会关系，但她又排斥深度接触，以此来维持她与公众的关系：让他们猜测去吧。

由于对神秘的强调，魅力并没有简单地崩塌为女性作为时间之外的表现。有魅力的女性并与现代生活节奏完全合拍，这是真的，但她并不会排斥现代技术——电影、摄影和工业化的时尚。因此，她不是一个虚无的在世能指，也不是一个可以逃离现代压力的乌托邦式的象征。魅力的节奏被认为是难以辨认的，偏离现代人习以为常的行为指南。它的永恒性并不意味着有一种本质上静止的女性存在。相反，这个有魅力的女性是否存在，是令人质疑的。从现代性意识形态构成的角度来看，她既不完全处于现代性内部，也不完全处于现代性外部。魅力暗示着，除了自我的疯狂节奏之外，现代理性的线性时间还有更多的启示，现代时间保留了沉思、静息和隐私的空间。但魅力并没有复制公共与私人之间令人不安的对立，因为魅力人物将公共与私人结合在一起：她是一个难以接近的人物，因为她对私人领域有所禁闭。夏帕瑞丽所显露的具身魅力，反映了个人与社会、私人与公共、内在与表面、现代与永恒的二元对立，有魅力的女性形象，能反映这些具有现代性特征的二元对立的复杂性。这是否挑战了传统意义上的女性形象，仍然是一个问题。

战略不透明

夏帕瑞丽的魅力让她看起来或多或少显得神秘，她身上有一些难以辨认的品质，要了解这一点，我们必须关注她自己和其他人对她的复杂性的理解，以及她所掌握的表达非确定性的技巧。卡洛琳·埃文斯为夏帕瑞丽的"去中心化主题"提出了强有力的论证。[31] 正如埃文斯所观察到的那样，夏帕瑞丽正是以这种方式表述她自己——当然，包括《令人震惊的生活》中第一人称和第三人称之间的不和谐过渡，是一种分裂自我最清晰的证据。在一个层面上，这种分裂的作用是沿着"名人"人格和私人自我的线索展开的。[32] 在书中的开头几行，她写道 ——"我只是听说了夏帕。我只是在镜子里见过她。对我来说，她是某种第五维度"——确立了夏帕瑞丽对自己的疏远，可以看出，从一开始她就对自我提出了质疑。她接着断言："我们的生活一直是……永远的问号。"[33] 书的开篇，读者就能感受到一种不确定性，这种不确定性与魅力及其隐藏与未实现的揭露之间的关系产生共鸣。故事的展开，摇摆在第一人称和第三人称的叙事之间，以一个短小的尾声告终，就像前言一样，完全以第三人称写作。最后，这本书开头的不确定性在注释中结束，夏帕瑞丽试图传达的目的或信息仍然非常模糊。这对一本回忆录来说具有特别的意义，旨在"阐明"它的主题，但书中以晦涩难懂的场景结尾，在一定程度上偏离了这本书的初衷。

其他评论家也注意到了夏帕瑞丽的这种倾向，她的自我中有分裂和隐藏的元素，当然也注意到这种倾向是她服装设计的一个主题。在《纽约客》杂志 1932 年的一篇人物特写中，珍妮特·弗兰纳（Janet Flanner）写道："我倾向于认为女人是被建造出来的，而不是天生的。她使用精致的饰面、榫尾的棱角和金属装饰等服装，让她看起来不仅仅是一个裁缝，而是一个狡猾的服装木匠。"[34] 在最近的一篇文章中，罗宾·吉布森（Robyn Gibson）也提到了夏帕瑞丽的书桌式套装（Desk

Suit) [1]，和茶杯晚装外套(Tea Cup Evening Coat) [2]，以及其他一些高度结构化的错视画服装，这些服装可能会让观众感到困惑，但却赋予了穿着者控制自己形象的能力。例如，办公桌套装使用了不明确的口袋，也就是功能性和非功能性口袋，只有穿着套装的人知道哪些口袋是可穿透的，哪些是封闭的。它取决于穿着者的判断力，打开口袋，取出一些个人的、亲密的、也许是令人震惊的东西，以暴露自己的内心世界。[35] 埃文斯将这类作品的本质视为"镜子的光滑和虚幻——具有自生的表达意义——而这正是夏帕瑞丽作品的核心……"然而，在维奥内特（Vionnet）[3] 的设计中，女性气质的伪装是无缝的，而夏帕瑞丽则扯下面纱，撕开伪装，她的工作方法就是在身体上叠加或点缀一些表面符号。因此，埃文斯在审视这些实物时，将它们与创作者的其他作品——包括她的回忆录——进行对比，试图在她支离破碎的自画像和她的设计之间找到一些连续性；后者作为一种对女性气质的评价，作为一种表面和隐藏的项目。她认为，夏帕瑞丽创造的审美景观是自我审美的延伸，在《令人震惊的生活》中，自我得到了解释。

名人和公众视线的管理

夏帕瑞丽令人迷惑的设计和她的自我表现之间确实有明显的相似之

[1] 书桌式套装：1936—1937 秋冬系列，她与达利一起创作的一款套装，其口袋设计成抽屉样式。——译者注

[2] 茶杯晚装外套：译者未查到夏帕瑞丽同期有这款设计，1938—1939 秋冬系列中有一款晚装外套以刺绣的茶壶作为外套口袋装饰，但并未以 Tea Cup Evening Coat 命名。——译者注

[3] 维奥内特：玛德琳·维奥内特（Madeleine Vionnet，1876—1975）。——译者注

处。在《令人震惊的生活》中，我们首先发现的是对名人作为一种状态的评论，这种状态隐藏或完全排除了真实自我的表达，就像她的一些设计一样，遮掩了她的自我表达。夏帕瑞丽通过切换第一人称和第三人称的使用，营造了一种疏离感，在这两种元素之间萦绕着一种不安感。尽管它们表达的是同一个自我，但她所做的努力给人一种印象，名人优先于私人的自我，她坐在时装屋里，凝视着熙熙攘攘的旺多姆广场 (Place Vendôme) [1]，带着怀疑远眺着自我，正如以下描述：

> 我听到了所有的评论，看到了在精品店前无数拍照的人。有时一家人会在窗前排队；有时，一个热情的环球旅行者，身无分文，也会推开店门，在夏帕瑞丽的招牌下微笑着，瞬间感觉自己像个百万富翁……我可以在丽兹酒店 (Ritz)，目前仍然是世界上最国际化的酒店，看着人们到来和离开，在这里，陌生的人在"现实"中扮演着他们无意识的角色。

在这里，她描绘了自己与名人的距离。她待在房子安静的角落，观察着所谓的夏帕瑞丽现象，她注意到，这个角落经常被投射在"半黑暗"中。她只是个旁观者。[38] 引文中最后一句话尤其引人入胜，因为它揭示了那些在丽兹酒店吃喝玩乐的国际精英们——她就是其中一员——在这里，他们充分展现了他们在人生舞台上扮演的各种角色，夏帕瑞丽表达

---

[1] 旺多姆广场：巴黎的著名广场之一，位于巴黎老歌剧院与卢浮宫之间，呈切角长方形，长 224 米，宽 213 米。由于旺多姆公爵(1594—1665)的府邸坐落于此，广场因而冠此名。——译者注

了对名人作为角色扮演的理解，以及表演和宣传在那出戏中的重要性。其中一个著名的例子就是她那顶非常受欢迎的报纸帽，由印有关于她的报纸头条新闻的材料制成。[39]与大多数其他设计师不同（除了香奈儿，她在1930年代发表了类似的声明），夏帕瑞丽认为无论在道德上还是在法律上，设计师不必为其设计被剽窃而感到大惊小怪，这些都是"徒劳无用的"，她认为"一旦人们停止模仿你，就意味着你的价值不再"。[40]因此，夏帕瑞丽不仅认识到自己的名气是一种表演，并谙熟其潜在的和实际的财务盈利价值。

同样，其他评论人士也注意到，夏帕瑞丽善于利用自己的名气来提升自己的品牌。众所周知，她是自己品牌的最佳代言人；她在公共场合穿着自己的服装，努力为这些服装营造出神秘感。从这个意义上说，我们可以把她的魅力看作是一种女人与服装的混合体。[41]虽然她的影响和名声部分来自她无畏的创作，纪尧姆·加尼尔（Guillaume Garnier）指出，为了确保她的地位，她总是小心翼翼，尽量避免遭到威胁："她知道如何衡量和管理自己的公众形象，对此，她总是给予恰当的关注。"[42]因此，她的魅力在某种程度上讲，就是一种战略性生产。事实上，这位女设计师的名气给她带来了与男设计师截然不同的负担。不过，她凭借自己的能力最终脱颖而出，成为时尚偶像，展示了自己的设计才华，为那些可能是她客户的女性树立一个时髦生活的榜样。这是夏帕瑞丽最显著的特征之一。20世纪30年代，她成为自己品牌活生生的招牌，她的服装系列成为现代时尚的象征。对她而言，要想逃避、独处和隐蔽几乎是不可能的。[43]她已经成为一个具有鲜明时代特征的观赏。在这里，服从品牌，就意味着服从于它坚定的历史，以及它不断变化的时间节奏。对于她的着装选择，现代公众往往把它理解为是她内在的反映，他们相信她的着装和内在个性是协调一致的。然而，为了逃避公众的视线和"俘获"，她需要不断地变化，跟随她的服装系列一起变化，展现出她特有的性格，灵活、多变。

但是，正如上面所讨论的，对于魅力来讲，表面效果的精心构建并不排除深度的暗示。在一次采访中，夏帕瑞丽的朋友、艺术历史学家格拉迪斯·法夫尔 (Gladys Favre) 对采访者提出的"对夏帕瑞丽来说，生活方式的方方面面至关重要的东西是什么？"他的回答是："就是这样，花园打理得整整齐齐，不仅外面照料得很好，屋里的绘画，家具也一样精致。里外蓬荜生辉，体现了这个女主人的价值观、激情和追求。"[44] 这幅夏帕瑞丽风格化的家居画像，以及这种整体审美方式，是她所喜欢的象征方法，它并不将表面作为深度的指标，尽管这种深度的内容在很大程度上仍然模糊不清。《令人震惊的生活》给人留下的压倒性印象是一个战略性管理的名人，在某种意义上，对其支撑的是一个难以接近的自我。这本书向读者暗示，字里行间存在着一个真实的自我，但她并没有沉溺于其中，给予充分阐述。读者感觉到，阅读这本回忆录，可能最终会获得夏帕瑞丽自始至终所暗示但从未显现出来的深度。这为实际上相当枯燥的生活叙述提供了叙事力量；它让读者沉浸其中。当这本书以一个神秘而遥远的音符结束时，它的魅力遗产，以及它的神秘感和永恒性就被封存了。

多萝西·帕克 (Dorothy Parker) [1]，另一个女性名人，她与夏帕

---

[1] 多萝西·帕克：美国作家。她的诗歌和短篇小说经常犀利直率地讽刺当代美国人性格上的弱点。——译者注

瑞丽活跃在大致相同的时期，在对她进行讨论时，凯瑟琳·M. 赫娜（Kathleen M. Helal）指出，作为一个公众人物，帕克也许并不开心，始终被一种紧张所缠绕，她的名声给她的生活带来干扰，"帕克强调，她的'自我'无法摆脱公众形象的桎梏。她是自传作家和名人，作家和人物角色，私人自我和公共形象，写作者和被写作者。帕克表述中的模糊性所反映的正是她的困境，无法辨别对象或代理、公众形象或作家"。[45] 尽管夏帕瑞丽采用的许多文本策略都与帕克表面上的自传式独白相似——模棱两可，私人形象和公共形象之间存在紧张冲突——但对夏帕瑞丽来说，认同任何一个角色都不是问题。在她的例子中，正是因为这本书以一个神秘的音符结尾，我们感觉到作者在刻意地推销自我，并有所保留，拒绝认同名人的身份，倾向于回归自我。[46] 我们再一次看到，通过魅力的培养，以及隐藏深度的暗示，是她拒绝名人身份，回归自我的重要方式。

私人时间的乐趣

信息是否公开取决于信息是否涉及隐私，对私人时间和空间的欣赏，甚至需要成为夏帕瑞丽在媒体和她自己的生活和职业叙述中的象征。值得注意的是，她在《令人震惊的生活》一书非常重要的前言中声称，"唯一的出路就是逃离自己"。[47] 这种情绪弥漫全书，她将自己描绘成羞涩的小姑娘，需要一个私人空间。例如，她用弗吉尼亚·伍尔

图 3.4　1936 年艾尔莎·夏帕瑞丽在家中的照片。照片由
Lipnitzki/Roger Viollet/GettyImages 拍摄 ©Roger Viollet/Getty
Images。

夫（Virginia Woolf）[1] 的语言，把私人空间比喻成一个属于青少年自己
的房间，他们期盼着回家写作。[48] 她在书的最后指出，这种独处的倾向
一直延续到成年：她喜欢一个人待在家里。[49] 夏帕瑞丽认为独处是她的
最爱，媒体将其解读为一种神秘的品质，这是构成她魅力神秘感的一部
分。珍妮特·弗兰纳注意到夏帕瑞丽笔端的与世隔绝："在 36 岁时，她
仍然保持着一个才华横溢的孩子的缄默秘密，因为她太有天赋，太迷

---

[1]　弗吉尼亚·伍尔夫：英国女作家、文学批评家和文学理论家，意识流文学代表人物，
被誉为 20 世纪现代主义与女性主义的先锋。——译者注

第三章
艾尔莎·夏帕瑞丽：魅力、隐私和永恒

惘，无法尝试向成年人解释。"[50]《时代》1934 年刊登了一篇关于她的特写，"即使对她的密友来说，她仍然是个谜"。[51] 夏帕瑞丽的作品表现了深度，值得深入探究。事实上，这成为她魅力的精髓：她拒绝给出清晰的证据，对其深度，让观察者有所触摸。当然，正是这种品质最终在《令人震惊的生活》中的自画像中得到了诠释：一种拒绝，这是她童年时期对私人空间的要求。

对公众隐瞒自我，意味着她有第二个自我，一个被隐瞒的另一个自我。她的作品呈现了一种特别的自我表现，作为名人，这种表现模糊了其真实的自我，多少带有一些刻意的描绘。对隐藏的另一个自我的理解，似乎取决于对名人，特别是女性名人的曝光度，及其由此带来的对特殊性别风险的认识。夏帕瑞丽暗示，保密对女性特别有益。在回忆录中，她描述了自己在和平街的第一家店时，在房间里用屏风制作临时更衣室。在搬到旺多姆广场时，她带着屏风，它们再次发挥作用，成为临时更衣室——完全超越了它们世俗的用途：

> 就像在忏悔室一样，这些屏风遮挡了它们的秘密。许多不为人知的事、诡计、欺骗，它们在圣殿中被揭露，但这些揭露并没有超出必要的范围。只有屏风听到了妻子和情人的故事，目睹了相貌平平的妇女和她们残缺的身体。如果夏帕带着同情和怜悯的目光看着你，听着你说话，但她会在六点钟离开办公室的时候忘记你讲述的一切——所以你不用任何担心。

在这段不寻常的文字中，夏帕瑞丽的回忆使用了最敏感的措辞，唤起了她与其他女性客户之间的关系。她还指出，一个女性特有的秘密领域。这些屏风，为女性所面临的秘密问题提供了述说的场所，特别是关于通奸和女性身体的秘密。值得注意的是，她把自己塑造成一个善于保守秘密的人。对女性私生活秘密的揭露，的确会危及她们的安全。与男性相比，女性私生活的曝光，会对她们的性声誉和职业声誉造成更大的损害。当然，正是基于这种认识，夏帕瑞丽决定保守秘密，即使是在回忆录这种具有明显启示性的文体中，她也尽量回避泄密。保护她自己的秘密，以及她对"另一个自己"的感觉，是保护她的声誉的一种方式——尤其是作为一个单身母亲，在那个时代和国家背景下，在两次世界大战之间的法国，这是遭人非议的。[53] 她自己的名人管理大多涉及一些表面现象，其实是为了保护潜在的"隐形人"，也是为了保持视觉上对事物表面的了解。之所以这么说，是因为她对自己生活保持沉默；人们对她的风流韵事知之甚少，比如她的情人。很难找到与她有关的档案资料。[54] 她几乎没有留下任何亲密生活的痕迹，然而，矛盾的是，《令人震惊的生活》却做了大量的暗示。不可否认，这种暗示极大地增强了夏帕瑞丽的魅力。究其本质，这是一种维护隐私的策略。

私人时间是宝贵的，因为它是愉快的。这在夏帕瑞丽对快乐的描述中很明显；这些描述几乎总是专注于独处和隐居。例如，她描述了自己成功之初在里维埃拉 (Riviera) [1] 度过的一个暑假："那是一个愉快而简单的夏天，所有的问题似乎都得到了解决。"我终于可以和几个单纯的朋友泡在水里、待在船上，安静地度过几个小时。[55] 或者待在图书馆里，享

---

[1] 里维埃拉：海滨度假胜地（尤指法国的地中海海滨）。——译者注

图 3.5　1935 年，艾尔莎·夏帕瑞丽和一名匠人在她的巴黎沙龙中为一位客户试装。Keystone-France/Gamma-Keystone 拍摄，Getty Images 提供照片。© Keystone-France/Getty Images

受安静的时光，这是她最大的乐趣之一。她描述了在马德里的普拉多博物馆，偷闲一小时，放松心情，当时她刚拼命逃离了被占领的法国。[56]值得注意的是，尽管这些隐私描述中的大多数都与特定的地点和时间相关联，但它们也具有永恒的维度。她对这些孤独时空的叙述给人一种感觉，她正在走出日常生活的节奏，进入另一个时间，一个允许一种具体的快乐的时间——例如，她将普拉多的时间描述为一种安静、孤独的

"圣餐"和她的"生命激情埃尔·格列柯（El Greco）[1] 和戈雅（Goya）[2]"。

在分析夏帕瑞丽的回忆录时，这种体现具身快感的概念是至关重要的，她的回忆录中充满了对激情的体现和对女性重要性的微妙提及。很能说明问题的是，她对自己的初恋情人做了这样的记录："他可能……使我精神上快乐，但我太充满活力了。我对自己的身体有绝对的意识，我有生动的想象力。"[57] 因此，她从一开始就不仅意识到身体的重要性，而且意识到性快感的重要性。但这种微妙的引用本质上是她唯一一次提到自己的性欲；尽管她在《令人震惊的生活》中提到了其他情人，也提到了她对恋人热情求婚的拒绝，但她的描述总是小心翼翼，而且很少明确地提到这种形式的快乐。因此，性和其他形式的具身快感并没有被压抑，而是被掩盖、隐藏、几乎没有暗示和被视为在作为文本基础的"其他时间"中体验到的。这是一个重要的区别，正如我在讨论波烈时指出的那样，保密是有潜力的，因为它可以让人们控制有关他们的信息。因此，夏帕瑞丽的沉默并不是不能说话的信号，而是为了控制自己的公众形象而做出的积极选择。从这个意义上说，她的沉默是无声的言说。[58] 魅力让她拥有了空间和时间上的第三维度，以便融入她在公众形象中隐藏的东西。

夏帕瑞丽可能需要培养"其他时间"来体验自己潜在的身体愉悦，这并不令人惊讶；作为一个在媒体审视下的名人，获得无形快乐的可能性受到了严重威胁。魅力的培养使她能够谨慎地、秘密地体验快乐，同

---

[1]　埃尔·格列柯（1541—1614）：西班牙表现主义画家。——译者注

[2]　戈雅（1746—1828）：西班牙浪漫主义画派画家。——译者注

时保持适当的公众风度。魅力的永恒是一种掩蔽手段，不是人们普遍接受的那种人为"遮盖"自我的掩蔽方式，而是对自我要素的一种战略性管理，一种仪式，控制外表，给自我罩上面纱。[59] 在这个叙述中，掩饰不是隐藏自我，而是有选择地、有策略地揭示其相关元素。卡洛琳·埃文斯认为夏帕瑞丽对面具的热爱与她的服装设计有关，但这在她自己的自传表述中也很明显。她写道："虽然我很害羞（没有人会相信），害羞到有时一声'哈罗'就会让我全身冰凉，但我从不羞于在公共场合穿着最奇特、最个人的服装出现。"[60] 她接着描述了她对令人发指的假发的热爱，整本书中，她描述了她在诸如舞会等重大活动中穿着耸人听闻的服装的样子。掩蔽既可以让外表更有魅力，也可以保护自我意识，免受迷人的名人所招致的审视。魅力的出现是对名人需求的一种战略性回应，是一种管理夏帕瑞丽作为公众人物的需求的方式。同时又不会威胁到高度必要的宣传——事实上，魅力助长了这种宣传。在魅力的"另一个时代"，对夏帕瑞丽来说至关重要的"另一个自我"依然完好无损，受到保护，保护着隐私。

此时此刻，读者们可能会对一个"他者我"的召唤感到疑惑，因为这似乎是在为夏帕瑞丽唤起一个不受名人和公众关注的纯粹身份。"他者自我"的概念，对"他者时间"作出反应，并不是对本质的一种简化。相反，夏帕瑞丽所体现的魅力形态，首先允许在自我中心滋生一个谜团，一种不确定性，不过并没有崩溃为对真实自我的不加批判的认可，但仍然是一个无法解决的问题，至少对这位时尚名人的观察者来说是这样的。最重要的是，这是魅力所赋予的时间特征——它创造了某种静止状态，它暗示了现代性节奏的另一面——这让魅力四射的人物得以在公众视线之外滋养秘密。

永恒的革命

为了维护自己的形象，夏帕瑞丽对自己的描述有所保留，她在管理
自己的形象方面发挥了关键作用。这种自我形象控制的能力，是对她的
一种更普遍的描述，即她是一个任性的、以自由为导向的灵魂。她甚至
把自己"革命性和固执"的倾向与小时候吃羊奶联系起来。[61] 在整本书
中，她反复提到自己的反偶像主义的主题，并以时间术语阐明了这一主
题：革命，毕竟，暗示了新事物的胜利统治。当然，正是因为她"革命性"
的性格促成了她与达利、让·谷克多、马塞尔·杜尚的合作，他们都是
先锋派艺术家，他们对新事物的拥抱赢得了声誉。他们是典型的文化现
代主义者，与强调不断创新可能性的现代主义观点相互辉映。众所周知，
她对这种新典范非常热衷，但在她的自我叙述中，也让位于她那永恒的
魅力。夏帕瑞丽继续抗拒时间的变幻莫测。与其他设计师一样，她也表
现出自己对短暂性的怀疑，这与她自己和客户的性别化都有重要关系。

普遍推崇夏帕瑞丽的媒体抓住了她与现代主义的联系，以及她在风
格上的大胆创新，这似乎是媒体面对她的不透明所能捕捉的唯一特征。
1932 年，英国版 *Vogue* 杂志宣称："夏帕瑞丽是时装设计师中的现代人
物。"同时，她也在一个复杂的时间层次上，将自己与 19 世纪的现代典
范——讲究衣着和外表的花花公子——相提并论。[62]《西雅图邮报》的
一篇文章滔滔不绝地说，"夏帕瑞丽的名字是时尚界新的流浪精神的代名
词，不受传统限制，她所取得的成功证明了这个事实，全世界都为之喝

图 3.6　夏帕瑞丽在服装设计师雅克·法思（Jacques Fath）的舞会上，1952 年 8 月 4 日。摄影：Keystone-France/Gamma-Keystone via Getty Images © Keystone-France/Getty Images

彩。她对设计的大胆诠释——总是激荡在明天的节奏中！"[63] 当然，新闻报道仅仅回应了设计本身，这些设计确实经常以风格新颖为特征，并且特别回应了夏帕瑞丽在时尚艺术实验领域所占据的重要地位。比如，在 1940 年《纽约时报》报道的一次演讲中，她声称，与纽约不同，"巴黎有一个由艺术家组成的核心群体，他们的唯一工作是创作和设计。"他们不关心数量、分销或价格。他们所有的心思都专注于布料、图案和小玩意儿的新颖和美丽。巴黎的设计师是免费的。1964 年，在她的职业生涯中，夏帕瑞丽通过她的设计和她自己的语言表达，小心地把自己塑造成一个美学上的特立独行者。不过，正如上面所提到的，她同样小心翼翼，不让过分古怪的自我装扮来消耗公众的善意，媒体也经常注意到她相对克制、当然"时髦"的日常着装选择（而不是她在特殊场合穿的那些更有趣、更令人惊讶的衣服）。

但在回顾的论坛上，尽管夏帕瑞丽大声地、不断地宣称自己具有革命性的品质，但在她的回忆录里，总体上并没有将其与审美创新或新奇联系在一起。事实上，她在《令人震惊的生活》中以非常不同的方式打破传统，与主要艺术家的合作在书中并没有占据特别的位置。可以这样说，她只是利用了他们的声望——就像她对无数重要人物所做的那样——而没有认真关注这些她最为人所知的关系。在一些重要的方面，夏帕瑞丽蔑视了观众的期望。读者阅读这本回忆录是因为他们渴望对一位大牌设计师的生活有所了解，然而她拒绝向他们透露与工作、生活和时尚世界相关的秘密。相反，她将自己的"革命性"或打破传统的特质直接体现在对自己性格的断言中。例如，在回忆录接近结尾的部分，她称自己为"不屈不挠的人"，她写道："那时，我真希望自己是个男人，任何时间，任何地点都可以独自出门，这一直让我羡慕不已。"[65] 但更重要的是，在书中她把自己描述为一个意志坚强的人物，这种描述可能被认为是出于一种出乎意料的叙事选择。

相关的叙述主要围绕夏帕瑞丽从欧洲逃亡的事件展开。她战时生活的故事占据了更多的篇幅，而没有涉及更多关于她在时尚界的职业生涯或她的美学原则的细节。在某种程度上，这赋予了故事的叙事力量。这些戏剧性的章节讲述的是战时穿越边境和飞越欧洲的故事，为了达到效果，作者夸大了紧迫的危险感觉。他们通过关注另一种魅力来强调夏帕瑞丽对自由的追求：那种源自战争的神秘、阴谋和危险的魅力。但夏帕瑞丽的故事不同于标准的战时叙事。她作为革命和追求自由的自我表现，部分包含了对国家的含蓄质疑，而不是聚焦于国家差异。这一点在她对边界管理的反复抱怨中表现得最为明显，她认为边界对她来说糟糕透了。她描述了她是如何被吉安·卡洛·梅诺蒂（Gian Carlo Menotti）[1]的歌剧《领事》(The Consul) 所感动的，这部歌剧讲述了民族国家强加的护照申请和相关的官僚主义繁文缛节。她把这些要求描述为"对人类自由和自尊的有辱人格的限制"，并宣称，"我的思想反抗，不得不请求允许在这个地球上漫游，这应该是自由和所有人的财产"。[66] 在书的结尾，夏帕瑞丽强调了这种观点的时间维度，问道："人们什么时候才能意识到边界和边界规则应该成为过去？"[67] 这符合她的国际主义职业，这在她的描述中很明显，战争期间她在纽约当过红十字会的护士助手，她希望和她的部队一起被部署到北非。(被拒绝的原因她自己也不清楚。)

　　夏帕瑞丽将她的自由定位于时尚之外的其他东西，这反映在她叙述的那段战时生活中，她并不甘心于全身心受到时尚的束缚。[68] 她在书中谈到自己的一些小毛病时说："这让我有了很多朋友，他们把我以人相待，而不仅仅是时尚的木偶。"然后："我所有最亲密的朋友都对衣服不感兴趣，这是他们对我所能给予的最好的称赞——也许是我对自己所能给予的最好的称赞。"回顾历史，在这里，夏帕瑞丽揭示了她内心深深的矛盾。虽然时尚让她成名，但在她的回忆录中，她认为时尚是一种负担，限制了她作为人的多维度，从而限制了她自由的能力。因此，国家边界

----

[1]　吉安·卡洛·梅诺蒂（1911—2007）：美国歌剧作曲家。生于意大利，1928 年定居美国。曾在费城柯蒂斯音乐学院学习和教授音乐。——译者注

图 3.7 艾尔莎·夏帕瑞丽在菲利普·德·罗斯柴尔德(Phillipe de Rothschild)男爵的陪同下，在巴黎为一名战争孤儿着装。摄于 1947 年：Keystone-France/Gamma-Keystone via Getty Images，© Keystone-France/Getty Images

并不是唯一对她有所限制的东西，她的职业也是如此。

在这里，她指出了在这个由审美驱动的领域里，名声是非常重要的。她发现，侵入的不仅仅是媒体仔细审视的目光——当然，这是名人常有的经历——还有时尚界特有的一系列期待。对短暂性的矛盾心理，几乎所有的设计师都经历过，时尚将设计师与短暂性联系在一起，这让作为公众人物的设计师感到不安，他们期望建立与永恒话语的联系。但在这种情况下还有另一个问题在起作用，这有助于解释为什么夏帕瑞丽含蓄地否认自己与时尚的亲密关系。以此为藉口，她在书中加入了另一种分裂的自我，即她的职业形象因其别致而广受赞誉，而对她的私人自我却不甚装饰。这种选择的性别风险是显而易见的；她认为自己是一个对时尚极度感兴趣的"时尚傀儡"，在一种让时尚变得女性化、庸俗化的文化想象中，往往会否定夏帕瑞丽丰富的知识和政治生活。这将使她沦落为媒体的陈词滥调，成为时尚的标志性化身。当然，这是对她的设计生涯在其他女性身上滋养的女性气质传统的摒弃，使表面与实质、身体与心灵之间的禁锢分裂永久化，而她的服装本身就使这种分裂变得复杂化。

　　她对自己作为一位爱打扮的女人有着深深的矛盾心理，这也暗含着夏帕瑞丽对顾客的看法也是矛盾的。在这里，我们可以看到女性化的其他人在她的自我表述中所扮演的角色。她把大多数对时尚感兴趣的女性想象成和她不一样。在叙述自己时，她相信时尚女性对文化的理解是缺乏深度的。在书中，她刻意与其他女性保持距离，因为这本书是对过往时日的回顾。这本书出版于她职业生涯的尾声，在书的结尾处，她讲述了自己对时尚的觉醒，表现出对时尚的大批量化生产感到失望。[70] 她提出，文化产业如何才能"在不丧失创造力和美感的情况下，找到新的、迄今为止从未尝试过的进步方法"，从而对"肉肉（meat-flesh）不分的现代人"做出回应。然而，就在此时，她离开了时尚行业。[71] 因为在她看来，这是某种轻率的工业化时尚体系的胜利，是那些充斥市场的无文化人士的胜利。尽管夏帕瑞丽意识到高级定制时装必须满足显然没有文化的大众的需求——正如安德里斯·胡伊森（Andreas Huyssen）所说，这些大众被女性化了，这个现象在这个行业中前所未有——就在此刻，战后胜利时，她选择了退休。因此，她对大众文化的可能性持有质疑，暗示了她对传统女性形象的诋毁，这对她为后人最终塑造形象做出了重要的贡献。在一个以新事物为基础的行业中，她关心的是"固化"自己的形象，这涉及对一种女性气质的拒绝。

因此，在这里，夏帕瑞丽，通过唤起一个神秘的女性时尚主题，在一定程度上揭示了她自己对新奇事物的忠诚的局限性，而这正是媒体认为她固有的品质。这种创新的冲动，以及赋予设计的文化价值，让她感到疲惫。尽管她认识到，并赞扬了在不牺牲质量的情况下为大众带来丰富文化的潜力，但她依旧选择了退休，而不是继续为这种混合文化生产高擎大旗。相反，在她职业生涯的尾声，她对新事物的可能性普遍持怀疑态度。在战时被流放到美国期间，她去了秘鲁，并在书中回顾道，这个"沙色的国家，偶尔被我心爱的令人震惊的粉色所打破，证明这个世界上没有什么新鲜的东西"。[72] 战后她回到巴黎，为了开发她的第一个服装系列，她写道："带着对优雅和尊严的回忆，我转向了督政府风格——这没什么新鲜的。"[73]《令人震惊的生活》的叙述揭示了人们对时尚行业的逐渐觉醒，对时尚行业不断变化的坚持，以及与之相关的大规模生产和消费的必要性，长期以来都与女性有关。

其他时期的女性化

夏帕瑞丽的矛盾心理表现在她对新鲜事物和她与其他女性建立的关系上，最明显的体现是她对女性独立和社会解放，持有复杂但大多充满敌意的态度。在 1937 年的一次访谈中，她谈到了自己对女性定制西服的偏爱，但她指出，"我并不是指那些让人难以区分男女的男人味怪癖……他们令人讨厌，相貌丑陋"。[74] 在《令人震惊的生活》一书中，她讽刺了在她婚礼那天挤满皮卡迪利广场 (Piccadilly Square) [1]的英国女性主义者：他们是"疯狂的男性狂怒者，集体和个人都很丑陋"。[75] 她解释了她嘲笑的部分原因：她认为女强人对男人没有吸引力。但正如夏帕瑞丽自己反复强调的那样，她自己就是这些女强人中的一员。在书的结尾，描述了她职业生涯的尾声，她思考了自己可能选择的其他人生道路，并怀疑自己是否能成为一个好妻子。"我的第一次也是唯一一次经历，"她写道，"没有给我成功扮演这个角色的机会。一个意志坚强的女人成为一个有能力和渴望支配她的男人的好妻子的机会是很少的。事实上，由于我很守旧，我永远不会接受一个软弱的男人做我的丈夫。"[76] 在这里，她表达了一种奇怪的、矛盾的后悔情绪，这种情绪经常在她对爱情的暗示中出现。最明显的是，这是用时间术语来表达的；她是过时的，"在现实中"，因此与她的时尚事业所要求的世俗定位不合拍。1960 年 CBS 电视节目《面对面》(Person to Person)，面对查尔斯·科林伍德（Charles Collingwood）的采访，她进一步陈述了女性解放与时间的关系。采访发生在她退休六年后。在回答"如果女性更独立是否会更快乐……"夏帕瑞丽回答说："不，我不这么认为，我认为女性在没有责任的时候一定会更快乐……现在（今天），女人已经承担了男人的所有责任……因此他们必须变得越来越强壮，但我不认为她们更快乐。"[77]

就像波烈一样，夏帕瑞丽表现出了对早期女性传统的怀旧（但其原因有所不同），并拒绝接受"现代女性"的概念。但是这里提到的她的另外两个自我——过去"更快乐"的女人，以及今天负担过重、"获得

---

[1] 皮卡迪利广场：位于伦敦索霍区的娱乐中枢，它由纳什于 1819 年设计，广场连接卡尔顿宫和摄政公园。——译者注

解放"的女人——与夏帕瑞丽本人的关系比波烈的怀旧物品要密切得多。她认为她的"失败"导致了她的孤独，有效地将她与代表女性传统的女性拉开距离。但她对这种地位并不满意，对自己独立性的认识从根本上来说是矛盾的。看起来，她想要一个丈夫，但遗憾的是，羊奶喂大的婴儿养成了固执，无法屈从于男性的意志。魅力四射的夏帕瑞丽对自己的爱情生活守口如瓶。因此，"被解放"的女性就像传统意义上的女性一样，不同于她。从某种意义上说，所有能找到的女性模特都在这里变成了异类，夏帕瑞丽的一部分魅力由此而来，因为她和其他女人不同。考虑到时尚行业对女性气质的过度确定，出现了一大批模特，而且她们都特别相像，把自己塑造成一个打破传统的女性形象的风险是显而易见的。[78] 与其他女性保持距离，是在一个已经被标志性的女性气质所渗透的领域里，对个性的把握。"世上只有一个夏帕瑞丽"，这是1933年《女装日报》的一个大标题，证实了人们对夏帕瑞丽的女性气质的看法，与其他女性模特不同。[79]

当然，这种对女性独立的矛盾心理与她服装的基调并不一致。夏帕瑞丽最初以她的运动装而闻名，尽管她最让人铭记的是她的超现实主义灵感和实验性作品。在这本回忆录中，夏帕瑞丽明确指出了实用、简洁的服装对现代女性的重要性。她为自己裤裙的设计进行了辩护，这是女性在任何场合能穿的裙子，包括运动。举例来说，尽管她自己也曾戴过假发，但她指出，假发并不适合"游泳、打高尔夫球、跑步赶乘公交车"等实际需要。[80] 第二次世界大战期间，在她客居美国之前，她开发了她称为"现金和携带"（cash and carry）系列的时装，其特点是"到处都有巨大的口袋，这样便于一个女人在不得不匆忙离家或不带包去上班时，不会忘掉所必须携带的东西。这样既能保持双手的自由，又能体现出女人的优雅。[81] 她的服装体现了女性角色的不断变化，这与人们对夏帕瑞丽超现代性的普遍看法是一致的。在这个意义上，她创造了一种新颖的视觉语言，其含义远远超出美学，将时尚创新与不断变化的性别秩序相结合。[82]

然而，这就是为什么在欣赏服装本身的视觉效果的同时，阅读设计师回忆录的文本变得更加必要。只有通过阅读自传，我们才能理解设计师所承受的各种压力，她设计的服装一方面表现了她作为一种特殊的现代人物、女性时装设计师的焦虑，另一方面又表现了她对焦虑的抗拒。对于夏帕瑞丽和这本书中讨论的其他设计师来说，这些焦虑很大程度上源于时尚界持续存在的各种时间矛盾。这种不稳定性加剧了现代意识本已支离破碎的体验，由此，人们将差异性归因于女性，将她们作为时尚行业赖以蓬勃发展的基础，以此来表达对权力的掌控。但对夏帕瑞丽来说，在这一领域坚持自我的必要性并不涉及直接将差异性归因到她的客户身上。相反，我们在回忆录中看到，它是针对服装本身的语言来解读的，考虑到夏帕瑞丽的女性特质，他的自我与各种女性之间的关系处在不断变化之中，而这些女性可能与她并不太疏远。

以这种方式阅读文本，不难看出，在对自由的不断祈祷中，夏帕瑞丽所使用的时间带有明显的性别色彩。她如此珍视的个人自由具有"时间特征"——它是"永恒的"。她叙述的故事具有明显的历史背景，其中主要是关于战争的故事。但她不满足于她所经历的历史，不满足于现世的自我。历史就是她所厌恶的那种无人性的官僚主义的发源地；在那里，她要服从国家的意志。特定的历史所产生的女性特质，是她所疏远的东西；几乎所有夏帕瑞丽对女性气质的更明确的思考都与重大的历史事件有关，比如上面提到的她婚礼当天，外面正在举行声援妇女参政权的游行。历史也会引发战争[83]；她哀叹战争对妇女服装造成的影响，声称战争以不必要的方式使妇女服装变得男性化，这种现象甚至在战争结束后依然存在。她对女性的穿着方式非常失望，认为她们"刻意让自己看起来像个小女孩"，而不是优雅的女人，这种方式被当作战后消除集体创伤的绝望努力的一部分。[84] 历史为女性提供的二元选择，令人沮丧，而夏帕瑞丽自己，在培养她独特的魅力和对永恒的忠诚时，试图回避这些选择。因此，在她的书中，对女性与时间关系的看法描述得很清楚，并没有将女性置于现代社会之外，而是将她们置于现代社会之中。事实上，在夏帕瑞丽看来，女性气质完全受制于历史的变幻莫测，虽然这种说法听起来些许夸张。因此，夏帕瑞丽自己的时间定位所反映的正是回应现代历史对女性的不良影响。她似乎在暗示，将女性置于历史中，并不是对女性概念和表征的单向性的一种必要补救。其危害远远超过将女性置于现代社会之外或超越现代社会的认识。

永恒的极限和潜力

随着她自我叙述的展开，夏帕瑞丽越来越多地抓住了永恒，这是她面对历史负担提出的不完美解决方案。她试图锻造一种不是非现代的永恒，以此来回避现代和古老的对立。人们可能会用宇宙元素——星星、太阳、星爆——来象征她的职业生涯，这些元素多年来经常出现在她的设计里。星星与地球无关，与人类时间的展开无关。它们完全脱离了现代和古老的概念。回忆录的叙事弧——当然是事后才写的——让设计师逐渐认识到她所渴望的人生是什么，逃离历史，进入类似于这些恒星的宇宙时间。最终意味着她离开时尚产业，因为时尚确实是一个永恒的、历史的、变化无常的星座，但历史永远无法超越。事实上，正如夏帕瑞丽自己的描述所显示的那样，最终是历史获胜——在她试图干预战后"小女孩"时尚的描述中，她徒劳地引入另一种不那么夸张的风格。她的时装屋再也没有恢复战前的辉煌，因为她与历史时刻的要求格格不入。换句话说，夏帕瑞丽的设计仅在美学上具有挑战性，其中许多是梦幻般的、戏谑的，当然不适应历史的变幻莫测，而是暗示着一种历史之外的时间记录，不合时宜。当时的法国，乃至整个西方正面临普遍复苏的时刻，正在摆脱这场残酷战争的创伤，要么寻找直接应对它的方法，要么努力压制它。[85] 在这种情况下，这些设计与回忆录的自我叙述高度一致，反映了创作者的超然渴望，正如《令人震惊的生活》中所阐述的那样。战后的夏帕瑞丽寻求逃离历史，在多个方面表达了对永恒的渴望。

她书中所记载的，与她在服装方面的追求相呼应，该书可以被解读为个人成长的经典叙事。在书中，夏帕瑞丽最终离开了时尚行业，结束了一个循环，回到了她描述的孩提时代的嬉闹。她在书的最后几章中所描述的对灵性——对"超越"的日益关注，再现了书中最早几页确立的主题。书中描述了她进入时尚界之前的岁月，也记录了她退出时尚界的时日，语言惊人地相似。在书的前言中，她写道："生命一直是达到另一种目的的一种手段，这是一个永恒的问号。她是一个真正的神秘主义者，她相信 IT（命运），但她不知道 IT（命运）是什么。[86] 她从一开始就选择用不可知的形象来描述自己，这很有说服力。它不仅建立了对永恒的定位——"永恒"——而且它还将这种永恒与不确定性的原则纠缠在一起。当然，神秘是夏帕瑞丽的魅力所在，它让她变得难以捉摸，最终也让她变得热衷于自我保护。神秘的确是一种结构，架构了这本书的叙述；开头在那里，结尾也在那里，当她写到去巴西旅行和拜访那里的萨满（a shaman）[1] 时："我坚信未知，它占据了我内心的很大一部分。"[87] 因此，她以一种对永恒、神秘和魅力的敬意结束了回忆录的写作，这似乎在她的整个职业生涯中都得到了证实。不过，她显然希望将其转变为一种更个人化、精神更丰富的体验。

伯顿·派克（Burton Pike）在自传体作品中，对时间的复杂记录进行了论述，他借鉴了弗洛伊德的观点，指出"潜意识不知道时间的概念"。将时间划分为瞬间，以及现在、过去和未来的结构，"是自我和超我的创造"。[88] 因此，他认为"自传式写作是一种积极地将永恒性重新引入到后来的、自我决定的人生阶段的方式"。他说，童年提供了永恒的"模型"，"这些模型无法以任何其他方式带入成年生活"，[89] 这就是为什么童年人物的描写和分析在人生写作中如此引人入胜的原因；它们是一种处理无意识结构的方式，这种无意识结构与现代主体性格格不入，它们是不受传统自我模式限制的存在方式。夏帕瑞丽的周期性叙事可以从这个角度来理解；在探索永恒的模式(她说这是她早年的特点)的过程中，她试图摆脱自我和超越自我的束缚，而对于名人和任何生活在公众视线中的人来说，这种束缚无疑是最大化的。这个害羞的女人，一旦得知自己正受到监控，心里很不舒服。她记录了自己在不同时刻对自己的名人

---

[1] 萨满：是萨满教的神职人员。——译者注

身份的不安：她写道，她很害羞，以至于她经常变得"咄咄逼人"，甚至"粗鲁"。[90] 后来她写道："在我取得最大成功的时刻，我被一种超然感、一种不安全感所压倒，我意识到面对这一切，什么都是徒劳的，一种特殊的悲伤油然而生。"[91] 面对媒体和公众对自我的索要，超我却保持警惕，和这些偷窥者保持适当的距离，夏帕瑞丽渴望别的东西。

事实上，这位女设计师的名气给她带来了与男设计师截然不同的负担。对于现代女性时装设计师来说，公众知名度意味着自我表达与商业不可分割地联系在一起，这或许比其他任何一种名人都更重要。毕竟，他们有策略地自我塑造——期望卖掉自己的衣服。他们通过新生的生活方式概念，将这些物质所体现的一系列价值带入生活，所销售的不仅仅是衣服，还有一种精神，期望在这些衣服中找到合乎逻辑表达的情感。[92] 对夏帕瑞丽来说，可见性的工作意味着她的企业价值观的物质体现，而这些价值观与她的自我理解相悖。她一遍又一遍地告诉读者，她"强烈倾向于神秘主义"，并将这个精神象征与世界的总体方向相联系。[93] 她把自己描绘成一个超凡脱俗的、本质上绝对优秀的人，毫无疑问，这一形象引导着她对物质主义的批判，这种批判在《令人震惊的生活》中潜移默化地发展起来。[94] 然而，她仍然是一个偶像，她塑造自我的"智慧"，用评论家经常使用的词来说，具有市场价值，因此也与时尚市场的时间节奏有关。1938 年，《女装日报》(*Women's Wear Daily*) 刊登了一篇文章，文中对这一点的描述如下：

艾尔莎·夏帕瑞丽在丽兹酒店吃午饭时，头发高高盘起，梳得光彩照人，头戴一顶向前倾斜的小帽子；当天下午晚些时候，她沙龙里所有的 vendeuses（卖主）和 mannequins（展示人台）都梳好了头发；女帽部的新帽子比上一季洋娃娃的形状稍大一些。

这幅速写引人注目，从夏帕瑞丽到她的雇员，最后到物质的东西都有描写。在这个描述中，她被详细描述为一种女性气质，从活着的女人到待售的无生命物品，模糊了人类主体和物质财产之间的区别。这是夏帕瑞丽与传统女性保持距离的最强烈动机，她发现，传统女性气质的那种特质意味着石化。知名度给她带来了一种后果，她强烈的自我意识必须屈从于世俗的市场的需求，受制于女性时尚能力的限制。

当然，这种时尚形象和市场需求都是她自己创造的元素。最终，她的回忆录被解读为她拒绝满足这些要求的叙述，包括公众对她的知名度的要求。她停下旋转的木马，下了车，她直截了当地告诉我们。一页的结语向那些还会继续要求她的人提出了最后的挑战。但即使在这里，她的矛盾情绪也很明显。这显然是一个卓越的场景：夏帕瑞丽再次转向第三人称叙事，放弃了叙事时间。相反，她设定了一个场景：她在突尼斯哈马马特（Hammamet）[1] 的家中。主题是她在"自然"（"这片充满阳光和梦想的土地"）和"真实"的建筑环境中所感受到的非石灰性的孤独。她描述了她的 mashrabiya（一种内外有屏障的伊斯兰建筑元素）中复杂的木制格子结构。[96] 殖民时期的景象引人注目；和许多大都市的西方臣民一样，夏帕瑞丽设想殖民地能够提供一些反现代空间，能净化人的自我修养，是必要的旅游目的地。为此，在描述殖民地时，她使用了永恒

---

[1]　哈马马特：突尼斯重要的海滨疗养地，是一个与世无争的古老渔港，是世界上最富庶的地区之一。——译者注

第三章
艾尔莎·夏帕瑞丽：魅力、隐私和永恒

的比喻，不过这种比喻并不恰当，它把"当地人"当作某种"时间之外"的存在。但在这里，她试图将自己置于时尚的时间和空间之外，她呼吁一种折中的现代主义风格，甚至借用设计品牌来描述空间。在讨论一个所谓的"反现代""反城市"哈马马特时，她对这个时尚的国际化社交名流公寓的描述写下了一个长长的段落。它的开头是这样的：

> 她躺在让·弗兰克（Jean Franck）在巴黎制造的橙色沙发上，沙发上裹着一块明快的苏格兰黄黑格子呢毯子，四周是又矮又窄的阿拉伯水泥座椅，枕头是当地集市上买的，地板上铺着一张哈马马特草席。周围放着一些在老佛爷百货公司购买的多色意大利帽子，一只在纽约购买的箱子，在列宁格勒购买的银色和珐琅粉红色玫瑰烟盒……"

因此，即使是夏帕瑞丽试图将自己置于现代风格传统之外的尝试也是不完全的。书的尾声提醒我们，要想推翻行业的传统习俗——时间的、性别的——是多么困难，要把设计师自己重塑成一个无拘无束的、永恒的偶像是多么困难。

作为一个关于时尚生活的故事，这种自我叙述却历经挣扎。在面对名人的压力、行业的时间限制和女性传统的束缚时，夏帕瑞丽为了自我保护而克制自己，但这种克制具有丰富的意义。在一个依赖于可见性，尤其是女性的可见性的行业里，夏帕瑞丽试图保持在聚光灯下，同时又限制自己向公众进行完全的展示，这就是她对时尚界女性可见性的理解。最终，在公众眼中，她的女性气质是时髦的，但也是难以接近的。要对其进行建构和管理，对于夏帕瑞丽来讲，必须涉及诸多因素的聚合：否定其他类型的女性形象——主要是那些被认为是琐碎的女性形象——以及对永恒的锻造，这颠覆了时尚的节奏。把握女性气质与时间之间的关系，对于理解这种有限能见度培养的潜力和失败至关重要。在这种情况下，把夏帕瑞丽塑造成一个不受时间束缚的女性，并不一定会使她与现代隔绝，就像永恒的概念作用于女性一样，反而会保护她免受过度彰显的影响，减轻现实带来的潜在破坏。当然，夏帕瑞丽最后对自己的永恒做出了断言，正如在书的尾声所显示的那样，受制于她试图摆脱的现代主义的时尚经济。这位被期望体现她的品牌及其商业利益的女性设计师，最终依赖的是她所期待的观众的需求，并在她最后的自我表现小品中默许了他们对她的捕获。

尽管走向永恒最终失败了，或者至少走向永恒的过程并不完整，但夏帕瑞丽的回忆录还是对时间政治进行了一次有意义的干预。它对女性主义，对女性化永恒的分析所依据的二分法提出了质疑。在这个案例中，她强调了永恒构建所需的情感层面，将其与设计师自身的精神状态联系起来，而不仅仅从社会理论、文学、政治等其他方面强加于人，这对减轻现代焦虑有所裨益。夏帕瑞丽对时间概念的唤起也没有推翻或抵消她许多设计中坦率的实验性质，这些性质使她与现代保持一致，现代未被拒绝。这是一种思考女性永恒的新方式，它认识到强调女性永恒，可以有战略性理解，不排除与现代的联系。对于女性主义批评家来说，它强调这种在时尚理论中发展起来的框架和视角，对于理解女性与现代社会的关系是有用的。

图 4.1　1955 年 11 月 7 日哥伦比亚广播公司节目《面
对面》访谈中的迪奥，手持草图。哥伦比亚广播公司
照片收藏 © Getty Images

第四章

克里斯汀·迪奥：
怀旧与女性美的经济

1947 年 2 月，克里斯汀·迪奥 (1905—1957) 展示了他的第一个时装系列。当时，克里斯汀·迪奥还是一位名不见经传的设计师，受雇于罗伯特·贝格（Robert Piguet）和卢西恩（Lucien）旗下的品牌，这个展示使他在巴黎的一些精英女性中悄然成名。这一活动几乎立刻就被赋予了一种神秘的光泽，并一直被认为是历史上最具影响力的一次时尚秀。借此机会，迪奥推出了他最著名的设计——卡罗尔（Corolle）系列，该系列被 *Harper's Bazaar* 的美国时尚编辑卡麦尔·斯诺 (Carmel Snow) 命名为"新风貌"(New Look)。其中最具代表性的象征，就是他在这个系列中引入的夸张的女装廓形。它的特点是纤细的腰部、丰满的臀部和长长的、肥大的裙子。在迪奥看来，这种设计是对第二次世界大战和战后头几年那种特有的实用、简朴和明显去女性化风格的背弃。迪

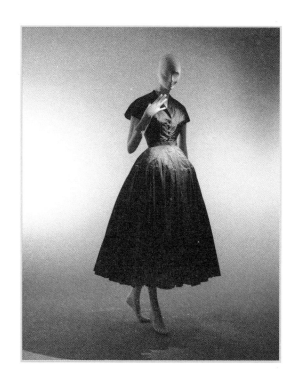

图 4.2　迪奥的花漾甜心晚礼服（Chérie），选自第一个系列，
1947 年春夏。这件连衣裙展示了与迪奥密切相关的新廓形。The
Metropolitan Museum of Art, New York Gift of Christian Dior,
1948 (C.I.48.13a,b). Image © The Metropoli-tan Museum of Art.
Image source: Art Resource

奥自己在回忆录中引用了一句名言来解释这个设计的背景："1946 年 12
月，由于战争中军服流行的缘故，女性的穿着看起来仍然像亚马逊人。
但我要为花一样的女性设计衣服。"[1]

　　迪奥的第一个系列获得了不可比拟的成功，他获得的声誉可以说是
自那以后任何设计师都无法匹敌的。他的每一个系列的命名，都依据其
廓形或"线条"特征，尽管他的裙摆上下移动，裙子从饱满到狭窄，并

可前后移动，但在他以自己的名义设计的十年中，各系列的风格保持着连续性。作为一个国际人物，加之新的通信技术的发展和更为方便的跨国旅行，使他迅速声名远扬，当然，对他的争议也很常见：例如，当他第一次去美国时，就有反对他的示威游行，原因是他把女性的裙摆加长了。第二次世界大战期间，社会对女性的限制放松，在北美更是如此。人们认为他在女性生活中掀起了反动的浪潮。然而，反对他的风格的只是少数，他的服装最终成为时尚的缩影，其影响延续至今。1957年底他因心脏病过早去世。他的葬礼盛大，可见他的名声大噪：这是一个重要的有详细记录的事件——名人和上流社会的人士都有出席——他的去世受到法国社会各个阶层的哀悼，类似于上演了一出国家悲剧。

除了他服装系列的特殊品质外，迪奥今天还被铭记为国际品牌和商业授权的先驱。他的品牌是成功的跨国时尚品牌的早期典范，它受到了不同社会阶层的消费者的青睐。无论是男性还是女性，都可以购买领带、连裤袜等平价配饰，从而拥有他的品牌。然而，值得注意的是，在他的有生之年，他成功地保持了自己的精英形象，始终坚守自己品牌的文化资本。他成名的"创新"廓形，在十年的探索中，不断地进行实验和完善，似乎成为一种美学模板，不断脱颖而出，其美学价值在某种程度上超越了他所成功的市场价值。

迪奥作品的历史和复杂的时间性

迪奥最初的风格"创新"，有一个复杂的时间逻辑。正如对它的强烈反应，无论是有利的还是不利的，不可否认，它代表了一个更古老的廓形的回归，即使算不上精确的历史定义。它的时间性体现在一个明显的矛盾中：被视为"革命性的""新风貌"的突破性品质来自它毫不掩饰地恢复了可能被解读为更保守、更古老的女性美的理想。就像四十年前波烈所做的那样，迪奥凭借一种历史风格的偶然重现而成名。然而，与波烈不同的是，迪奥的革命性设计利用了对传统的拥抱，而不是像过往的革命一样，彻底打破传统。

当然，迪奥的卡罗尔系列的确摒弃了战时人们对女性化的传统理解。当时，巴黎的流行趋势是实用服装，穿着这种服装方便女性进入防空洞，或在一个缺乏汽车燃料的城市骑自行车。这也反映了战争时期资源的稀缺性，那时有人用木头做的鞋底，用合成材料代替豪华面料，并对特定服装的面料耗材进行严格限制。提倡多种用途的服装，反映了资产阶级女性的生活所发生的巨大变化——很明显，她们的服装必须能应付每天发生的各种紧急情况，无暇频繁更衣。当然，对巴黎战时的时尚风格的回应只是迪奥设计风格的一个重要内容。另一个完全不同的战时风格，在维希卖国主义时期，也存在着另一种趋势，强调传统女性美学的质朴、简单和纯洁，而不是一个"现代"的、骑着自行车为战争而奔波忙碌的女性。罗·泰勒（Lou Taylor）和其他人一样，注意到这种"民间风格的流行"与"纳粹/维希回归大地肥沃土地的观念"，以及与之相关的中世纪主义"乡土工匠建筑、工艺和设计的复兴"有关。[3] 维希政权（Vichy regime）[1] 在纳粹占领期间统治法国——这是自世纪末（fin-de-siècle）以来法国生活堕落的一种反映，这种趋势威胁到国家的生存。[4] 人

---

[1] 维希政权：第二次世界大战期间，德国入侵法国后建立的傀儡政权。——译者注

们期望女性都身着中世纪和农民传统锻造的服装，这将是强有力的社会象征。弗朗辛·米埃尔－德雷福斯（Francine Muel-Dreyfus）在《维希与永恒的女性》（*Vichy and the Eternal Feminine*）一书中指出，在"回归'自然'社区、等级制度和不平等的社会哲学中，回归'有机'团结，回归真实……女性……可以……成为回归事物秩序和纯洁的隐喻"。[5] 事实上，对女性的两种看法——城市女性和乡村女性——都与对法国民族的不同看法密切相关。

正是在这种背景下，1944 年 8 月占领结束两年半后，迪奥推出了卡罗尔系列。因此，他对女性气质的看法既不能脱离占领时期，象征女性的意识形态和物质层面，也不能脱离这一时期所带来的民族创伤，特别是在战后不久的几年里。亚历桑德拉·帕尔默的分析表明，迪奥对时尚的介入起到了两个作用。首先，迪奥夸张的女性完美形象之所以具有吸引力，是因为它有助于消除战争期间人们对男人和女人的记忆和他们的战时行为。[6] 它提供了一种审美净化，成为法国反法西斯暴政运动的一部分，战争期间人们对暴政默许和不加反抗，导致法西斯在法国甚嚣尘上。这是一种随之而来的集体遗忘，在 1944 年 8 月解放后，戴高乐将军回到巴黎并发表了著名的演讲，用芭芭拉·加布里埃尔（Barbara Gabriel）的话来说，"旨在恢复建国的幻想，其中，法国政府的荣耀和它作为启蒙解放倡导者的神话保持不变"。[7] 当然，服装作为一种文化情绪的物质指标，在为法国打造一种新的历史想象方面发挥了重要作用，这种想象似乎忽视了刚刚过去的历史。对迪奥来说，这可能是一种特别强烈的压抑，因为在占领时期的最后三年里，他曾受雇于卢西恩·勒

165

第四章
克里斯汀·迪奥：怀旧与女性美的经济

隆 (Lucien Lelong) [1]，一名职业女装设计师，同时也是巴黎妇女协会的高级职员。勒隆的功绩包括与德国人谈判，以维持高级时装产业在巴黎的发展 (德国人想把它转移到柏林和维也纳)，勒隆希望巴黎能够维持时尚业的发展，保留法国的工作岗位。[8] 人们对勒隆的战时行为颇有微词，他与纳粹政权有过合作，也许他是不情愿的。迪奥的妹妹凯瑟琳（Catherine）是法国抵抗运动的活跃分子，1944 年 6 月，她被驱逐到法国东部的一个劳教营，这是法国最后一次驱逐她的行动。玛丽 - 弗朗丝·波赫纳 (Marie-France Pochna) 写道，他妹妹每次来巴黎，迪奥都不让她外出，以免被当局发现。总而言之，迪奥在"占领"中所扮演的角色些许暧昧。然而，就参与勒隆的合作而言，很难确定他的道德属性，这一定使得这位设计师对战时活动的压制更加强烈。对此，我们在分析迪奥的女性气质构建时必须予以关注：这些不仅仅是对战争的反映，也牵涉到对历史创伤的管理。

帕尔默将迪奥与一个新国家联系在一起的第二种方式，是分析迪奥所阐述的女性形象的确切内容，这是他对维希时代的一种回应。帕尔默认为，迪奥早期作品塑造的女性形象，与法国历史神话产生了非常特殊的共鸣："他塑造了一种精心设计的、可复制的新法国精英女性形象，汲取了混合的欧洲贵族血统。"迪奥塑造的女性形象让人想起 18 世纪的法国、第二帝国和美好年代。[9] 也就是说，迪奥的女性形象不仅体现了对占领时期创伤的否认，也体现了一种与之相关的渴望，那就是回到法国

---

[1]　卢西恩·勒隆 (1889—1985)：生于法国巴黎，是巴黎高定时装最早的设计师之一。他创造的热龙品牌 (LUCIEN LELONG)，包括服装、皮具、饰品和香水等，1919 年在法国巴黎诞生，成为时尚界中最早的品牌。——译者注

辉煌的过去。"新风貌"出现的历史背景，也为迪奥将女性作为一种安慰痛苦的现代精神的良药提供了理据——这种痛苦是急性的，衍生于一个特定的、可定位的创伤。

"新风貌"仍然是一个重要的象征。迪奥对时尚廓形所做的历史性工作，象征着他的作品具有更广泛的时间结构，涉及他对接下来十年自己生活的叙述，直到他在 1957 年底去世。迪奥比波烈或夏帕瑞丽更注重时间性。他的自传作品包括 1956 年出版的回忆录《迪奥与我》(*Christian Dior et moi*)，以及 1954 年以《谈论时尚》[1](*Talking about Fashion*)的标题出版的采访录，以整本书的方式记载了两位法国时尚编辑对他的采访。迪奥已出版的遗产还包括不少关于女性气质和女性时尚的文章，以及他临终前在索邦大学 (Sorbonne) 发表或计划发表的演讲文稿。当然，"新风貌"所创造的轰动意味着，克里斯汀·迪奥从他最早的作品系列开始，就在欧洲和北美成为一个重要的名人，因此，他自己的写作与令人震惊的媒体档案、采访、社论和直接的报道相互映照。在所有这些记述中，尤其是在迪奥自己关于他的生活和事业的写作中，我们发现了他对时间本质的不断反思。迪奥的自我表述揭示了一种有意识的应对历史的努力，这种历史的复杂性被"新风貌"的新颖性和向后看的形象所捕捉。考虑到他在占领时期，特别是在战后不久的时期，作为一名设计师的成就，以及与战争创伤的复杂关系，他不断质疑历史的原因逐渐浮出水面。

然而，迪奥对历史的兴趣并没有在传统的历史叙述中显露出来。与

---

[1] 《谈论时尚》：法语书名为 Je suis couturier。——译者注

历史学家对这一时期的描述相比，他短暂的沉思更加情绪化和主观化。就像时尚写作经常做的那样，这是一部以抽象、空灵的文化情调为主要对象的作品。作为一种情绪的表达，其中很多都被自我意识所迷惑，充满忧郁的渴望，迪奥回忆录的自我塑造最能表现他的怀旧情绪。虽然怀旧最初被认为是一种疾病，继而被理解为一种亲密的、主观的痛苦，但最近关于这一现象的文章揭示了，它影响了我们对历史、政治和时间本身的当代理解。仔细审视迪奥的自我表述可以证实这一点。他的怀旧立场往往通过在特定的个人历史中产生的主观欲望来表达，甚至在迪奥自己的叙述中也可以清楚地看到，这些欲望都发生在他自己保守的、诺曼底人的、资产阶级的童年时期。因此，在迪奥出现的战后法国背景下，主张历史记忆的回归意味着非常具体的事情，其背景孕育着一种保守主义。的确，迪奥和其他人都明白，他的成功是建立在这一历史性时刻的基础上的。他提供了战后重建所需要的东西，因此，他认为自己是对一种文化氛围的建立所做的回应，在一个普遍落后的民族主义时代，这种文化氛围的建立，旨在恢复一种特别的法国视角的"优雅"。

迪奥的传记作者玛丽－弗朗丝·波赫纳将迪奥对自我阶层怀旧的引擎定位于他与母亲玛丽－玛德琳·迪奥 (Marie-Madeleine Dior) 的关系。她一再将迪奥与他的母亲联系在一起，将其视为女性气质的有时间限制的象征，这种说法的证据尚不确切，但它作为这本传记中一个鲜明而重要的主题，成为波赫纳描述这位设计师生活的点睛之笔。波赫纳曾一度将迪奥描述为"一个能从完全不同的角度审视女人的人，能用特别的目光给她们穿上别样的衣服 (通常是一些非常女性化的东西，当然，来自对他母亲的回忆)"。[10] 波赫纳继续写道，他富有想象力地将他的母亲从保守的、"资产阶级的、暴发民的"女人转变成一个"甜美的、女性化的、精致的理想",具有深刻和优雅的美感。[11] 正如艾丽莎·马德（Elissa Marder）所指出的那样,当我们试图调和个人的无意识与更广泛的社会和政治生活时,我们必须小心:"女性形象的无意识表现和女性在社会、政治生活中所处的位置,两者之间可能确实存在着某种关系,但这种关系既不是透明的,也不是可模仿的。"[12] 就迪奥而言,从资产阶级、美好年代的母亲,到几十年后显露出来的一整套女性哲学,其升华是很自然的。尽管如此,不管迪奥的女性化的方法是否由他对他母亲的想象重建控制的,波赫纳的理论引入了一个重要概念,即女性化锚定了迪奥的怀旧感。女性与怀旧两种情绪纠缠着迪奥的自我表述,彻底而复杂,并以令人惊讶的方式得到媒体对他的呼应。总而言之,这是迪奥怀旧的结晶——以及他的历史理论——镶嵌在一个女性形象中。这种怀旧体现在许多层面上,但最终,这是一个深刻的物质怀旧,对此迪奥的写作给予了很好的陈述。现代历史体现在不断变化的廓形中,体现在服装本身的线条中,看得见摸得着。实际上,他通过女性的身体来表达对历史的怀旧理解。女性成为一种渴望已久的时间感的承载者,但在时尚领域——这样做是通过它与现在和未来的关系而延续下去的。通过对女性的呈现,迪奥推进了一种美学哲学,使现代社会的时间维度的复杂性显现可见,并揭示了艺术和工业之间的矛盾关系,这种矛盾既持续又明显地困扰着设计师。

怀旧是一种现代的时间现象

　　要了解迪奥与女性的关系，首先要认识迪奥是一个怀旧的主体。迪奥的怀旧最明显的表现，是对"作为公众人物的克里斯汀·迪奥和作为个人的克里斯汀·迪奥"两者之间的分裂的描述。[13] 这种对立构建了《迪奥与我》这本书的基础；在序言中，迪奥以"两个克里斯汀·迪奥"为题展开了撰写，迪奥毫无艺术感地阐述了这本自传的核心情感主题。他在书中清楚地表达了其中的利害关系："也许我应该把全部精力都放在他身上，而不让自己的任何东西被泄露出去……然而，在我看来，完全抑制住这种退缩的性格似乎是一种欺骗；这也会使我的故事失去一些个人色彩。"[14] 夏帕瑞丽一样，她的回忆录也以第三人称身份的肖像作为故事的终结。迪奥在书的开头就拉开了他本人与作为名人的自我之间的距离。他建立了一种紧张的关系，在整本书中，他的描述不断聚焦这种紧张关系，强调作为"另一个人"的学徒劳作，这是他时装屋开张第一年时，迫于压力所做的宣传。书的结尾，正如人们所预料的那样，两位克里斯汀达成了和解："突然间，我开始以真正的尊重来看待我的另一个自己，也许那个可怜的时装设计师毕竟有话要说……我接受我与他的认同。"[15] 但在迪奥的最后段落表达出的令人满意的认同之中，仍然隐藏着这样一种表述："他的角色是公众品位的守护者——这的确是一个有价值的角色。与此同时，我可以躲在他光芒四射的影子里，安慰自己说，他把我们两个人性格中最好的部分留给了我。我可以负责实际的工作，从构思到服装出品，而他则为我们两人保持一种耀眼的世俗形象。"[16] 因此，自我仍然是分裂的——迪奥与时装设计师角色的身份不能被误认为是两个

图 4.3　1957 年，迪奥在巴黎的家中读报喝茶。
Loomist Dean/Time & Life Picture/Getty Images
©Time & Life Pictures/Getty Images

自我的融合。

　　这种将他的"真实"自我构建为"缩小的无足轻重的人"，不同于那些已经学会驾驭现代名人戏剧的明星，正是迪奥怀旧的表现。[17] 这种对自我的诉求，与名人的变迁、公众的关注以及他所从事的行业节奏无关，似乎是在试图阻止和保护某种自我，以抵御不真实的工业入侵。迪奥的自传被标记为对怀旧的明确呈现，对浪漫逃离的可能性做了相关的表述。例如，他写道："时装设计师就像诗人。对我们来说，怀旧是必要的。"[18] 他还赋予了逃避的概念特权，比如在《谈论时尚》中的这段话中："时尚来自梦想，而梦想则是对现实的逃避。"[19] 迪奥通过频繁地描述他的乡村家园和他对它们的逃避，强化了他逃离现代生活节奏的渴望。传记叙述和当代新闻报道显示了这些空间对他的重要性，以及他是如何在这些空间中度过了许多时光。用他的话说，"虽然这是真的，就像常说的那样，在巴黎时尚的空气中呼吸，我发现这个国家的和平与平静对我来说是绝对必要的，一段时间后，我渴望去表达在这座城市中我所经历的一切"。[20] 在《迪奥与我》的结尾处，迪奥也用了一个引人注目的章节来描述他曾经居住过的房子。他认为，正是通过空间才能最好地评价他的性格。在这个描述中，他对历史的关注强化了迪奥作为一个怀旧主题的对象。[21]

因此，追溯怀旧的目光是迪奥自我表述、新闻报道、时尚批评的一个强有力的主题。不难发现，在相关文献中随处可见这种理解的证据。毫无疑问，迪奥是一个怀旧的主题。面对这种情况的复杂性，我们有必要借鉴当代理论来重新解读迪奥的怀旧情绪，以此来挑战关于这种简单的"逃避"反应的流行观点。这迫使我们对迪奥保守主义的传统形象进行必要的修正。他的自我表述为我们这方面的工作提供了分析材料。例如，他声称，"从性情上来说，我是反动的，但不要与逆行相混淆"，对于引用过去对现在做出反应，或心存愿景（正如他所做的），取缔现在，在两者之间他能做出坚定的区分。[22] 在一段生动的回忆中，迪奥也层层叠叠地回忆起自己在"美好时代"最后几年的生活经历，那时的未来似乎有可能给每个人带来更大的安慰。[23] 在这里，他展示了自己对过去的怀念，人们相信未来，而根据推断，战后人们所理解的现在，却并不相信未来。因此，更细致入微的怀旧叙述的种子，就掩埋在他自己对时间意识的复杂叙述中。

迪奥叙述中所表达的复杂性，与最近评论界转向关注怀旧的趋势相向而行。自 20 世纪 90 年代末以来，学术界热衷于对怀旧的关注。西方在后革命时期出现的过去、现在和未来的关系日趋复杂，催生了一种从空间和时间上回到显然已经逝去的起源的渴望，这是一个规模不大，但很重要的思潮。虽然记忆的概念相对普遍，它包含了无数情感模式，但怀旧从一开始就被定义为一种对回归的渴望，一种对过去的向往。事实上，很多文献指出，这个概念是在 1688 年发展起来的，用来描述一种病症："历史上，nostalgia（思乡病）这个词被创造出来，以表达一种特殊的病兆 (如思乡、后悔、故土情结)，是一个固定的医学术语。"[24] 这种情绪也被定义为一种痛苦，会产生可怕的后果。例如，早期对怀旧的关注主要集中在它对士兵的影响，担心它会削弱其战斗力，干扰士兵执行任务，导致生命危害。

马科斯·皮亚森·纳塔利 (Marcos Piason Natali) 非常重视欧洲现代史上怀旧政治的转向及其在 20 世纪的发展。他发现，对怀旧的关注，以及与之相关的应用热情，是一种历史帝国主义证据。早在 18 世纪初，对怀旧的治疗就发挥了一种强制的功能，伴随着社会工业化所带来的改变："在一个日益集权的时代，这个词被用来消除与过去不同的存在方式的合法性，并确定与过去联系的正常方式。"[26] 所谓与过去存在的"正常"方式，是基于占主导地位的现代时间系统，这种系统包括过去、现在和未来，它们是离散的类别，都是单向的、渐进的移动。因此，怀旧挑战了这种对常态的构建，并干预了对现在的迷恋，这种迷恋倾向于将一些群体封闭起来，认为他们在各自的时代是不可触及的，例如，前现代的女性、现代的男性。虽然从女性主义的角度来研究怀旧的文章非常少，但怀旧政治明确了这个现代概念对于女性与现代时代之间关系的潜在意义。这种怀旧的政治历史揭示了这个概念对于理解迪奥与女性之间的关系的相关性。

但怀旧究竟反映了与过去的什么关系呢？斯维特兰娜·博伊姆 (Svetlana Boym) 和彼得·弗里茨都认为，18 世纪末出现的文化错位 (cultures of dislocation)[1]是理解怀旧对过去的独特视角的关键。在这一时期，他们注意到一种突出的差异感和决裂感。在弗里茨的叙述中，流亡作为一种独特的后革命时期出现的现代生活状态："流亡越来越成为现代时代的一个显著的特征，在这个时代，一个全面的毁灭过程将过去从现在推到一边。"[27] 流亡——作为流离失所——也推动了这个过程的空间维度的理解，在博伊姆的描述中，这是一种地方性与全球性或普遍性之间的新的矛盾关系，它伴随着链接技术和空间交际技术的发展，包括旅行（不可避免地与殖民联系在一起）："乡愁不仅仅是一种对地方渴望的表达，而导致了对时间和空间的一种新理解，这种理解使得'地方性'和'普遍性'的划分成为可能。人作为怀旧的生物已经将这种分裂内化了，但他没有追求普遍和进步，而是迷恋对过去的回顾，渴望特殊的东西。"[28] 这两种说法的基础，都基于一种迁移方式——流放所依赖的空间

---

[1]　文化错位：一种社会文化变迁现象。将一个人从一组特定的文化习俗组织迁移到另一个由一组截然不同的文化习俗构成的组织，可能会造成不适和震惊，自我难以适应。——译者注

距离——同时反映了一种时间性质；一个人变得不仅远离一个地方 (家)，而且远离一个时期。这种时空交织的怀旧意识在克里斯汀·迪奥的生命叙事中表现得淋漓尽致，例如，迪奥撰写的《迪奥与我》清楚地表明，他不仅渴望一个不同的、战前的时代，而且渴望触摸到与他童年时代有关的建筑和室内摆设。

时间也以独特的方式被现代怀旧所裹挟。弗拉基米尔·扬科列维奇 (Vladimir Yankélévitch) 认为，在怀旧反思中，"怀旧的对象不是特定的过去，而是过去的事实或某种过去性"。[29] 这种理解与弗里茨后来在第一章中引用的表述一致，即现代性将过去构建为一个问题，以及理查德·泰尔迪曼 (Richard Terdiman) 认为所谓的现代记忆，是一种个人和意识形态与新形式的时间经验的纠缠。[30] 怀旧似乎利用了体验的特殊性，这表明怀旧与时尚本身一样，处于个人体验和集体体验的交叉界面。此外，正如怀旧理论家们所强调的那样，怀旧与其说是一种与过去的接触，还不如说是一种与现在的接触，因为过去本身是不可接近的，怀旧作为对当下生活的一种回应而出现，留下的是最可靠、最基本的迹象。[31] 正如弗雷德·戴维斯 (Fred Davis) 所说，"怀旧利用过去，但不是过去的产物。[32] 更确切地说，怀旧是对事件或社会配置的一种反应，这些事件或社会配置将自我置于当下的激进问题中，从而引发人们对现在和过去身份之间的关系的反思，无论是个人身份、群体身份，还是国家身份。这里重要的是，怀旧消除了一些非常熟悉的二分法对比，包括过去和现在，个人和集体经验之间的对比。也许，由于怀旧倾向于对不同时代的思考模式进行诘问，它甚至可以提供一种方式，明示女性与现代之间的冲突关系。

迪奥的物质怀旧

当然，迪奥对女性气质的怀旧唤起了我们的注意，让我们思考女性在时尚界与过去结盟的复杂原因，以及这些原因对现代女性的构想有何意义。艾丽莎·马德在《死亡时间》（*Dead Time*）中，针对女性在调解她所称的现代性的"时间失调"中所扮演的角色，提出了一些有用的思考框架，怀旧肯定是其中之一。联想到查尔斯·波德莱尔的诗歌，她证明"女性人物可以调节大多数对时间的表达"，在处理现代特有的、疯狂的和疏远的节奏所产生的心理影响时，随着大众文化的发展，女性逐渐成为有效的"减震器"，同时，城市生活的匿名性、现代生活的快节奏和物质的惊人增长，这些都对原始体验和表达构成了威胁，因此，诗人（艺术家）变得茫然无措。女性气质作为一种慰藉，是一种怀旧的方式，通过这种方式，诗人可以"将自己从他周围现实的、瞬息万变的世界中移开"。但女性气质要想有效缓解现代社会结构带来的创伤，女性"必须成为一种形象（最好是一种梦、一种幻觉），或者……一个谎言，它能掩盖了（诗人）对世界的支离破碎的感知"。标志性的女性气质，作为怀旧的重要载体，作为对现代生活创伤经历的回应而出现。

这与迪奥有着千丝万缕的联系，通过仔细审视设计师自己对失去的叙述，可以发现这一点，尽管这些叙述可能是含糊和含蓄的。当然，在这种情况下，现代生活的创伤体验不仅仅来自工业化，也包括大众文化的持续发展，这些肯定会动摇迪奥作为艺术家的自我概念。这也是战争的创伤，尤其在战时的占领时期，他在勒隆手下的工作对他产生了间接的影响。通过所依赖的女性形象，迪奥推动了怀旧理论的发展，他的工作类似于马德对波德莱尔的研究，具有标志性。事实上，在 1959 年的一篇文章中，雷米·G. 塞思林（Rémy G. Saisselin）认为波德莱尔和迪奥之间存在着一些重要的相似之处，围绕着女性，他们构建了各自的美学理论。在波德莱尔看来，女人从自然变成了艺术。塞思林写道，迪奥代表了波德莱尔美学的当代版本："迪奥回答了波德莱尔关于时尚的形而上：女人，一种可恶的自然生物，已经被艺术彻底改造；女人，作为迪奥的简单基底，已成为一种有曲线、线条和体量的诗；女人已成为时尚。对于迪奥来说，风格意味着一种形式，一种统一，而不是细节。"[36] 在历史的记录中，迪奥与他生命中个别女性的亲密关系有案可查，而他对标志性线条的依恋，以及她们对女性气质的伴随愿景，也同样明显。这种女性化的美学是与一种历史时间感相连的，这种时间感既是个人的也是社会的。正如理查德·马丁（Richard Martin) 和哈罗德·柯达所指出的那样，"在每一个整体廓形中，鲜明的特征是一种保证，是战后消除战争造成的时尚丧失的一剂良药。"此外，迪奥 (1947 年推出卡罗尔系列)强调的强劲廓形，是在一个极其脆弱的时代和地点出现的。[37] 这是第二次世界大战后的历史，伴随着怀旧的转变，与通过迪奥服装线条出现的标志性女性之间的联系。通过这些台词，女性被想象成一种另类历史意识的代理人。正如扬科列维奇所说，女性承载的不是过去，而是思考与过去重新构建关系的可能性，这种认识弥补了设计师对时间的错位和渴望。

当然，迪奥作为一个创造者：他所从事的是一项富有想象力的工作，不管他同时沉浸在商业中有多深。怀旧的廓形和服装系列的制作，被迪奥和其他人视为艺术珍品。将怀旧与想象或创造结合在一起，是有先

第四章

克里斯汀·迪奥：怀旧与女性美的经济

例可循的。在一篇颇具影响力的文章中，爱德华·S. 凯西 (Edward S. Casey) 将怀旧理论作为一种"需要想象力"的纪念模式。事实上，除了想象力，从中我们还能获得一种独特的力量，通过它，我们能把缺失的东西呈现出来，也就是说，能弥补知觉和记忆中的缺失。[38] 关于怀旧想象的文献，很少涉及讨论这种想象力对于身份塑造的作用。肖恩·斯坎伦 (Sean Scanlan) 认为它"从根本上就是与自我叙述联系在一起的"。[39] 迪奥的时尚，他的人生写作都可以被解读为一种对自我想象力的叙述，以及对历史的回应。从他的自我表述中，我们可以看到一个深深地沉浸在女性他者之中的自我，以至于有时很难将这些他人与他自己分开。所以，对迪奥怀旧的想象维度同时产生了两种形象：女性的形象和他自己的形象。

女性和关系性男性自我

作为设计师和名人，迪奥与女性气质的纠缠，在他职业生涯中与女性密切的工作关系中体现最为明显。与波烈或夏帕瑞丽不同，迪奥没有在自己作为设计师的形象上进行大量的投入，把自己塑造成一个既能找到灵感，又能完全独立完成自己工艺的天才。迪奥的作品描述了许多服装设计的过程，如协作，如"热情的集体研究"。[40] 不过，很明显，文本中存在着一种紧张关系，一方面是对协作工作的要求，另一方面是迪奥自己需要明确自己在这一过程中的角色。不过，如果没有这种"明确"（区分），他的名气——以及随之而来的声誉——就会受到威胁。例如，在《谈论时尚》的一个章节里，谈到他的女领班，专门负责指导设计工作室的女性员工，他写道：

她们热衷于细节，精于一针一线，追求至臻完美，因此，时有偏颇，失去平衡，常常需要不断返工。做漂亮的针线活和做漂亮的衣服不是一回事。当然，这两者必须联系起来，但要做到天衣无缝，实属不易。那位女领班过于专注于她的工作，不放过任何细节，但作为服装设计师则只需关注一些基本要素。[41]

基于他对员工的慷慨，迪奥重申作为男性艺术天才的首要地位，必须重视深度，而非最基本的琐碎而肤浅的制衣工艺，即使这些制衣工艺是不可或缺的。[42]迪奥作为一位大师、导演和梦想家参与其中，他的工作就是约束他的工人们，防止过度装饰。通过这幅女工领班的工作照和其他证据可以看出，迪奥的形象很仁慈，是一位慈父般的独裁者。这一点在崇敬他的工人们的言辞中得到了证实，引人注意的是，工人们养成了一种习惯，见他进入房间都会起身站立。[43]正如他最重要的同事之一，卡门·科勒（Carmen Colle）在一次采访中证实的那样，"克里斯汀·迪奥彻底改变了我的人生"。[44]他给员工灌输的是一种纪律，一种对时尚"本质"的服从，这种服从，对他来讲，顺理成章，并在服装本身中具体化了。在这一点上，他不可否认地继承了波烈的大师气质，尽管这种气质有明显的弱化。

尽管如此，迪奥对他的作品的描述表明，他很感激有这样一群女性同事，其中一些是相识已久的朋友，比如苏珊娜·卢林（Suzanne Luling），他们还是孩子的时候，在诺曼底的格兰维尔（Granville）就认

图 4.4 1957 年，迪奥和他的同事在他的巴黎沙龙为模特设计连衣裙。Loomist Dean/ Time & Life Picture/Getty Images ©Time & Life Pictures/ Getty Images

识了。迪奥和她们一起进行品牌打造，而这些管理人员、技术人员 (密切参与设计执行)、女销售员和现场模特是他叙述自己公司的核心内容。迪奥对雷蒙德·泽纳克 (Raymonde Zehnacker，简称雷蒙德夫人) 的描述尤其具有启发性 :

雷蒙德夫人将成为我的第二个自我——或者更准确地说，是我的另一半。她完全是我的补充 : 她给我的幻想带来理性，给我的想象带来秩序，给我的自由带来纪律，给我的鲁莽带来远见，她知道如何在冲突中引入平和。简而言之，她给了我那些我从未想过自己会获得的品质，并成功地引导我穿过错综复杂的时尚世界，在 1947 年，那时，我还是一个完全的新手。[45]

关于他的技术总监玛格丽特·佳丽夫人（Mme Marguerite Carré），他也写过类似的话："这些年来，她已经成为我的一部分——成为我'裁缝'的一部分，如果我能这样称呼她的话。"[46]迪奥将他的女性同事作为自我的一种延伸。请注意，在关于雷蒙德夫人的开篇那句话中，他把她融入了自己，对她的认识超越最初的他者概念，从更遥远的"第二个自我"转化成自我的"另一半"。[47]他对自我本质上女性化的阐述暗示了他性别认同的流动性，考虑到他公开的保守主义倾向，这一点令人震惊。这些女性肖像强调了迪奥对女性的描写是一种自画像。

魅力的怀旧

或许迪奥对米查·布里卡德（Mitzah Bricard）的描述最能说明问题，尽管这些描述没有他对雷蒙德夫人和玛格丽特夫人——地位崇高的女性二巨头成员   的描述那样具有融合性。但和其他人一样，他把布里卡德夫人描述为一个合作者。但她的具体角色从未明确说明。她就是他的缪斯女神，当然，她也因此被人们铭记。[48]在对她的描述中，她体现了时间之外的优雅："布里卡德夫人是那种把优雅作为唯一存在理由的人，这种人越来越少了。"可以说，凝视着丽兹酒店窗外的生活，她对政治、金融或社会变革等世俗问题漠不关心。[49]在谈到时尚时，他说："如果时局艰难，她会忽视它们，面对烦恼，她也会无动于衷。"[50]不可否认，布里卡德夫人启发了迪奥的创意；她催化了创造的过程。"她的情绪，她的极端行为，她的缺点，她的出场，她的晚归，她的戏剧性，她的说话方式，她的非正统的穿着方式，她的珠宝，简而言之，她的出现给时装公司带来了一种绝对的优雅，这是时装公司所必需的。"[51]

与迪奥将雷蒙德夫人和玛格丽特夫人流畅而和谐地结合在一起的做法不同，迪奥与布里卡德夫人的关系（从未像其他人那样用她的名字来称呼她，这是一种疏远的表现）被描述为跌宕起伏的。他写道："我知道，当走进我的房子，她会激发我的创作灵感，对我的想法，无论是呼应，还是反驳，都会激发我的思想。"[52]这是一个奇怪的表述，因为迪奥对布里卡德夫人的重视恰恰表明，他们具有取得成功所必须具备的相同品质：一种基本的、几乎是继承的理解，即时尚是一种永恒的东西，拥有脱离了历史的变幻莫测。然而，他说自己受到了她的一句座右铭的启发，他也努力把它应用到自己身上："我会坚持下去。"[53]从她身上他学到了对传统的坚守。这是一种强迫性的冲动，对他来说并不完全是自然产生的，尽管这种传统的取向是他成名的基础。通过布里卡德夫人，他学会了"坚守"，尽管历史和商业变幻莫测，但他还是毫不犹豫地继承了法国时尚和高级定制时装的永恒传统。简单地说，她在迪奥的生活中扮演了一个教育角色，暂时让他重新调整方向，面向传统和法国的过去。

布里卡德夫人态度坚定，常常看似无动于衷（"从丽兹酒店的窗户望向外面的生活"），尽管她是对传统的呼唤，但她的肖像看起来冷漠傲慢。我们习惯于将传统视为唤起温暖、舒适和亲密的东西，而布里卡德夫人则是玻璃般的、冷漠的。事实上，她代表了朱迪丝·布朗对超凡魅力的描述："魅力让人发冷……即使它承诺了不可能的事情。在这里，我们找到了与现代主义的另一种联系，即偏爱空白、抛光的表面、不可穿透的立场……怀疑一切藏于背后的虚无——然而，不知怎么的，这种空虚变成了一种诱人的、强大的，通常只是华丽的东西。[54] 布朗对魅力的讨论将其确定为现代主义的标志，她将魅力定位在一系列书写的、视觉的和广泛的感官文本上——比如香水——在20世纪的头几十年。她认为，对魅力的审美抽象是对现代生活的错位和异化的一种回应。乍一看，它们似乎只代表着联系和情感的死亡。但它从异化中崛起表明，尽管它可以被解读为遥远而冷酷，但魅力的冷酷并不与情感对立。相反，这种魅力，尽管它是"从坚持的主观性向非个人风格的转变"，反映了失去的主观情感体验。[55] 当布朗将欲望描述为魅力的一种形态时，她澄清了两者之间的联系："当然，欲望之所以让人折磨，因为人们渴望的事情，却偏偏永不发生，欲望只是对过去的美化。"这是后悔、自责和哀悼的表现。[56] 这是怀旧的共同特征，这是对失去及其反应的共同领域。怀旧，经常被认为是过于伤感，是对现代生活的一种尴尬的小题大做，是一种戏剧化的反应，在这里以一种非常不同的方式表现出来。这种对怀旧的冰冷无情的反复，让人质疑将怀旧妖魔化为一种对现代性的保守否定。如果我们能看到富有魅力的人和事物也是怀旧的载体，那么怀旧就被澄清为一种对现代生活的抗争，而不是逃避。由于现代性迷人的肖像主要是女性化的，认识到怀旧和魅力之间的联系，能让我们在讨论现代中，重新关注女性。它使女性在现代想象中占据的时间变得复杂和有质感。

在作为怀旧魅力化身的布里卡德夫人身上，我们看到了女性与怀旧复杂交织的清晰暗示，也感受到了迪奥对怀旧的矛盾表述。布里卡德夫人是一个对过去和现在都很敏感的人。迪奥把她框定成丽兹酒店窗户里的一个凝视者，尽管她对迪奥来说代表着过去的吸引力，这种方式类似框定一件典型的迷人艺术品，布朗将其描述为过去的承载者：恰似一幅照片。[57]这种静止的言说方式生动展现了布里卡德夫人的形象，人们倾向于将布里卡德夫人还原为一种平静的存在，因为它的描述捕捉到了一个瞬间时刻，让人们俯瞰巴黎街头无情的现代生活，这暗示了一种介于现在和过去之间的移动门槛。布里卡德夫人被迪奥想象成一个女性偶像，她关注当下的生活，从这个意义上说，她与当下的生活息息相关。通过这种方式，布里卡德夫人明示了迪奥的一个暂时的标记，一个与他的职业背景相关的标记。他目视现在，但那眼神却定义着他后来重新组合的历史廓形。布里卡德夫人不仅是迪奥的缪斯女神，也是战后女性气质更普遍的代表，这表明了两件事：迪奥作品中弥漫着自我与女性他人之间的深度关系，以及迪奥"革命保守主义"的复杂性，它依赖于当代女性，因为她们善于回眸过去。

过去和现在的复杂相互作用

迪奥作品中过去和现在的组合值得更仔细的分析，因为它奠定了迪奥对女性气质认识的基础。迪奥给人的印象极度保守，弗朗索瓦·吉鲁（Françoise Giroud）在 1987 年撰写的迪奥传记中的描述就是这种看法的典型代表："保守的程度近乎于反动，对他所厌恶的一切变化都很敏感，他偏爱有围墙的花园、病床和产妇：这一切都能给他一种保护。"[58]不过，仔细阅读迪奥的自我表述，会发现他的时间定位充满了深刻的矛盾。尽管他声称自己在情感上忠于过去，但他却一再强调自己与现在的适应。这种矛盾张力在迪奥自传的前几页就有所确立，那时他向他最终的支持者——法国棉花大亨，马塞尔·博萨克 (Marcel Boussac) 描述了自己创立时装屋的愿景。博萨克最初结识迪奥是因为他想聘请一位设计师来复兴加斯顿高级定制时装屋。[59]迪奥犹豫了，因为他"不是那种天生具有起死回生能力的人"，他认为"在这个新奇无比的行业里"，这种努力注定会失败。下面这个关键段落有助于确立自传的基调和人物性格。他向博萨克讲述了他本人真正想要的东西：

> ……在我选择的地区，以我自己的名义开一家新时装屋……我想要一幢每一件东西都是新的房子，从氛围和员工，到家具，甚至地址都是新的。在我们周围，生活又开始了。是时候出现一种新的流行趋势了。[60]

对于设计师来说，这样的修辞是司空见惯的；它是时尚产业赖以建立的基础。但仅仅几句话之后，迪奥再次讲述了自己的愿景，他说："在长期的战争和停滞之后，我相信人们对时尚新事物的普遍渴望远未得到满足。"为了满足这种需求，法国高级定制时装必须回归到伟大的奢侈品传统。[61]他相信高级定制时装屋是满足这种新鲜感的最佳方式，实际上，他的观点表达了战后时代的再生和明显的革命品质，是对传统的重新巩固。在回忆录的结尾，他再次将历史变革和传统坚守这两种明显的冲动结合在一起："在我们栖居的星球上，一切都是短暂的，只有精确的设计、卓越的裁剪和高质量的工艺才能拯救我们。"[62]他的话掷地有声：时尚的变化导向被视为一种威胁，是为了工艺和商业而承受的，但传统让我们得以减轻和防范这种威胁。因此，当代与传统并不对立。相反，短暂的当下提供了一个背景，在此背景下，我们可以探索、重新审视和重置过去。迪奥的传统主义是对时尚时代无情变化的回应。他带着焦虑体验着短暂的现在。从这个角度来看，布里卡德夫人和她所代表的停滞，可能也是一种缓解焦虑精神的灵丹妙药，这种焦虑精神是时装业所特有的，因为时尚业具有高度易变性。

在其他地方，很明显，让自己与过去保持一致，构成了迪奥的主要倾向或本能，但正如他需要从米查·布里卡德的传统主义中学习所表明的那样——现在才是他的栖居之所。与波烈相似，他认为自己与当代生活的情绪有着一种别人难以企及的关系。例如，迪奥在为英国杂志《摩登女人》(Modern Woman) 撰写的 1952—1953 年系列文章的第一期中写道："时尚是非常合乎逻辑的。这是大脑对当前状况的一种反映——几乎在人们自己意识到之前。这就是设计师的作用所在。他必须对现代人的感情很敏感——必须超乎常人的感觉！"[63] 在迪奥的回忆录中，他似乎对扎根于当下的现实必要性妥协了："我们生活在我们所生活的时代；没有什么比背叛它更愚蠢的了。"[64] 不过，这种说法却带有一丝酸楚；对时代的拥抱并非出于自愿，甚至也不是逐渐养成的习惯，而是一种义务，有时似乎是一种需要克服的缺陷。正如波烈几十年前的作品所暗示的那样，设计师必须承担对当下的深刻追求。

迪奥的作品体现了当代性和短暂性。对"现代生活"，迪奥无法拒绝接受它的约束或奴役？它的主要特点是短暂性。他强调，短暂性是现代生活的一种状态，对时装设计师来说尤其如此。但它与一种失去的悲怆相关联：失去对艺术表达充分的和令人满意的可能性。迪奥自我叙述的一个重要部分是断言他不适合做经营；他把他父亲，资产阶级实业家描绘成他早期完全拒绝仿效的职业榜样。在回忆录中，以及一次像一本书一样长的采访中，他都暗示接受自己的艺术气质是人生必经的一种关键仪式，如果说时装设计是一门艺术，这也是迪奥不断进行自我定位的方式（尽管他也接受了它的工业特征），那么它就是一个自我表达的论坛："尽管时尚短暂，但它构成了一种自我表达的模式，可以与建筑或绘画相媲美。"[67]但转瞬即逝使自我的根源受到质疑；在创造过程中出现的愿景永远不会长久繁荣，因为它们一定会被下一个事件所取代。迪奥遗憾地用其他艺术的比喻来描述这一点，他经常这样说："想象一份手绘被不断地抹去，然后又不知疲倦地重新开始。"[68]迪奥将短暂的感觉描述为完全表达自我的可能性的丧失。因此，迪奥对时间的表述之所以复杂，一个主要原因是，短暂时间的支配逻辑被体验为对自我的抹杀。

女性气质的物质性

然而，在自传写作和接受采访中，也出现了一个现象：女性是那些明显困扰迪奥的时间范畴的化身，包括短暂性。要理解这种对女性身体短暂性的依恋，我们必须首先理解迪奥与他的作品之间存在的深度关系。在他的整个作品中，有一个现象始终吸引着他，将他的创作视为一种物质，甚至是人类。面料是设计师的灵感源泉："面料不仅表达了设计师的梦想，也激发了设计师的灵感，成为灵感的萌芽。我的许多衣服都是单纯依靠面料创作的。"[69]设计是朋友："设计似乎在向你打招呼，就像你在度假时在街上遇到朋友一样。你告诉自己，毫无疑问——那是你的朋友。"[70] 一件衣服就是一个孩子："从今以后，我就像一个焦急的父亲，为每一件衣服的制成而奔忙——骄傲、嫉妒、热情、温柔——为它们而操心烦恼。它们对我有绝对的权力，让我永远生活在恐惧中，害怕它们会辜负我。"[71] 最后，他还视衣服为情人："因此，我生命中最有激情的冒险就是和我的衣服有关。我对他们很着迷。做前，它们让我忧心忡忡，做中，它们让我匆匆忙忙，做成后，它们让我魂不守舍——整个过程都历经冒险。"[72] 在这些描述中，服装和时尚的东西都具有重要性。此外，迪奥倾向于将他的服装，甚至时装材料人性化，这表明他与它们有着深厚的亲密关系。这种自我接近，甚至至少在设计过程的早期阶段就拒绝了设计师和他们作品之间的传统分离。在以这些言语叙述他与他的创作之间的关系时，迪奥使自己在它们面前变得脆弱，即使它们处在他的掌控之中。这是他所关注的自我与客体世界的情感关系。

就这一点而言，我们可以清楚地看到迪奥是如何将时装作为自己的延伸，并以此来物化女性气质。他写道："我认为我的作品是短暂的建筑，致力于塑造女性身体的美。"[73] 这里体现了短暂的物质性和永恒的女性美之间的张力。这让我们看到了迪奥与波德莱尔之间的联系，波德莱尔将同样的矛盾状态理论化为现代美学的状态。但值得注意的是，迪奥如此珍视的物质性，是在为女性气质的愿景服务的过程中塑造出来的。女性气质象征着令人不安的现代生活的多变；女性气质，就像他所喜欢的那样，代表着迪奥的一个考验。此外，女性气质和服装的材质紧密相连，迪奥对它们的描述唤起了人们对这种关系的思考，进一步认清了它们的相互依存关系："面料披搭在她的肩膀上，她的身体遮盖在面料下。"考虑到这一点，正如我上面所说的，迪奥将他对服装的认识建立在一种相互关系上，与自己保持着有激情的物质接触，这种服装认识对女性的延伸是很有意义的。它暗示了设计师、服装和女性之间存在的三角关系，这表明自我的一部分屈服于短暂的女性气质。这种表述再次证明了迪奥与女性关系的复杂性。从根本上讲，时尚业是一个性别角色模糊的职业，同时迪奥对自己的性别认同也总是充满焦虑和折磨。如果一个设计师更接近女性化的文化，或者实际上充满激情地沉浸在女性化的文化中，会使得他更加女性化吗？更重要的是，女性化在一定程度上是女性所代表的潜在污染性变化的结果吗？

1955年，美国哥伦比亚广播公司（CBS）的热门电视节目《面对面》对他进行了采访，采访者爱德华·默罗（Edward Murrow），在采访中提出了一个问题，人们应该如何正确看待性别认同关系。默罗问："你都50岁了，还是个单身汉。这能说明你太了解女人吗？[75] 男人所说的"太了解"女人，其意义模棱两可。对于女性的了解，需要什么特别的知识吗？更重要的是，过于了解的后果是什么？默罗在提出这个问题时，强调迪奥的"单身生活"，意味深刻；它含蓄地将迪奥对女性的了解，以及他的自我和他的性取向联系起来。[76] 尽管《面对面》采访措辞充满了崇敬之情——贯穿始终，默罗似乎对迪奥近乎魔法般的知识和力量颇为恭敬——但采访开头的问题却可以被解读为一种温和的嘲讽。对此，艾伦·罗森曼也有相似的观察，他指出，在维多利亚时代的英国，男性女帽设计师的形象也是"令人震惊"的："他是一种混合形象，拥有女性的时尚经验，但仍然是一位受人尊敬的成功商人。"罗森曼分析了一篇文章，"在讽刺和严肃之间，暴露了这个人物形象所引起的性别混淆"。[77] 在默罗与迪奥的对话中，我们可以发现类似的矛盾。这表明，即使在他占据时尚统治地位的十年间，他的地位也十分脆弱。尽管他是不公开的同性恋，但他始终接近女性气质——通过他与作品的物质接触，以及他对女性气质的热情融合——让人们对他的性取向产生了质疑。

默罗的问题意义含糊，迪奥的回答闪烁其词，并暗示将这种关注转移到女性气质上。对此，他没有直接回答。相反，他回答说："你知道，我在巴黎，有上千名女性为我工作。相信吗？这对一个哈来姆（Harem，后宫）[1] 来说已经足够多了。"[78] 迪奥通过称呼"哈来姆"，间接提到了异性恋。但在这个句子结构中，他自己并没有作为主语出现。此外，这个词通过一种殖民的比喻过滤了迪奥的性别和性取向，在这个比喻中，他当然掌控着女性，但这也因为它将自己塑造成类似于殖民主体的形象而变得复杂。当然，种族主义将"不正常的"性行为与被殖民的人——尤其是"东方"人——混为一谈，这是一个长期存在的文化隐喻。他回答的第一句话重申了他的权威；他可能很了解女性，但也不是"太了解"，因为他没有向她们交出任何权力——她们毕竟是他的员工和客户。这种回答为默罗的问题及其背后的假设提供了新的线索。对女性"过度"了解与权力密不可分；如果男人对女人"太了解"，他就会在掌握她们和被她们超越或殖民之间游走。"太多"了解是指超出掌控能力的了解，暗示了男人与女人的亲密关系。迪奥对默罗的回答表明，尽管他在对作品的激情描述中选择一些关键点，强调女性气质的融洽关系，但当他的男子气概受到审视时，他会调整笔墨，谨慎地叙述他与女性的主导关系。他的自我表现手法很巧妙，呈现出时尚女性形象的多变特征，描述这些

---

[1] 哈来姆：尤指旧时某些穆斯林社会中富人的女眷；（穆斯林传统住宅中的）闺阁，闺房；眷群（和同一雄性动物交配的一群雌性动物）。——译者注

特征，在一定程度上是为了转移人们对他自身的男子气概和性取向的关注。这是一种风险，考虑到他在激情关系中不断地从男性转向女性，这可以被解读为他自己与女性亲密的信号。这种女性气质的短暂性是最大的风险，这暗示着迪奥无法保持适当的理性和独立的男子气概。我们看到，男性的控制有其时间标志：恒久不变。

女人的身体和市场

迪奥对模特的描述是一个有用的镜头，通过这个镜头，我们可以把迪奥与女性气质的关系看作是短暂的，但不乏女性气质。这些在世的女性体现了迪奥的女性理想和他的自我概念，因为他是如此地被服装和想象中的女性气质所折服。1957 年他在索邦大学（Sorbonne）做了一次演讲，在准备发言稿（显然从未发表过）时，迪奥将一个时装系列的首秀描述为设计师等待着最严格的陪审团裁决——公众裁决的时刻。"幸运的是，"他写道，"这位时装设计师遇见了世界上最好的律师：他的模特。每次他准备让她们登台绽放时……都希望她们的优雅能为他赢得陪审团的宽大处理。"[79] 在很多场合，他都断言，"一个时装设计师和他的人体模特之间存在着一种真正的、如此重要的亲密关系，为了达成这种关系，做出一些小小的牺牲又有何妨"。[80]

模特们处在迪奥的心理、他的创作和客户需求之间的交叉点上，扮演着具有重要性的中介角色，对此，《迪奥与我》中的描述非常动人。他对勒内（Renée）的描述，的确不同寻常：

在我所有的人体模特中，勒内可能是最接近我理想的一个。她穿的每一件衣服似乎都很成功，好像她的比例和我想象中的比例完全一样。她将织物巧妙地赋予了生命，以至于消失了她的脸庞。当她展示她的衣服时，表现出一种遥远、冷漠，她的生命似乎就滋生在衣褶之中。

这里的描述，让人想起布里卡德夫人冰冷的魅力，从中我们清楚地看到迪奥、材料、服装和他充满激情地认同的女性气质的三角关系。但我们也感受到了一种深邃的模糊：这个代表迪奥女性理想的女人还活着吗，还是已经麻木了？请注意，迪奥最终将她置于服装的从属地位。她赋予物质生命，但在此过程中，她消失了："消失了她的脸庞"，她变得"遥远、冷漠"。模特的行为改变了她，甚至榨干了她，把活力从她的身体转移到衣服上。在静态、反现代女性形象的变化中，在这种情况下，她一开始是一个至关重要的形象，而她所从事的时装模特正是造成这种停滞和中断的原因。它把她的身体抽象成一辆服装宣传车。因此，这不是预先存在的停滞，而是由迪奥特定的和本地化的建模工作所创造的停滞。

评论家塞思林在 1959 年的一篇文章中，在阐述波德莱尔和迪奥之间的相似之处时，认识到这种抽象的女性特质是迪奥的标志："女性，迪奥简单的底色，已经成为一种有曲线、有线条和有体量的诗歌；女性成为时尚。女性已经变成了一种抽象的生物，一种为理智的沉思而创造的美丽生物。"[83] 塞思林所描述的，当然，类似于现代主义的抽象。这对于迪奥来说可能是一个惊喜。在他的作品中，人们很容易忽视一些活跃于

图 4.5 1955 年 8 月 4 日，迪奥和一名模特在索邦大学演讲。©Keystone France via Getty Images

现代主义先锋派的原则，尤其是在两次世界大战之间的高峰时期。这些原则包括表现服从于抽象，肉体让位于脱离身体的形式动力。迪奥认为，"高级定制时装已经厌倦了只迎合画家和诗人的需求，希望回归其真正的功能，即为女性设计服装并增强她们的美丽"。[84] 但他的模特们特有的傲慢意味着这种"增强"被更准确地解读为一种引人注目，让模特的身体从属于服装，并由此成为女性的理想。迪奥声称自己的立场与他所认为的现代主义抽象相对立，但事实上，在构建"短暂的建筑，致力于塑造女性身体的美"的创作领域中，他与前卫派有诸多共识。[85] 这种"建筑"

图 4.6　1955 年，迪奥和他的一位模特在苏格兰巡演。他们的表情暗示了他们之间默契的善意。摄影，Thurston Hopkins/Picture Post/Getty Images,© Getty Images

可能致力于女性美，但它的效果是在服务于其他各种功能时捕捉到这种美。因此，他与他的模特之间的这种关系，充满深情，甚至充满激情，可以再次被视为一种自我想象的投射，是战后现代性中阐述和投射男性自我幻想的场所。在解读波德莱尔笔下的女性形象时，艾丽莎·马德注意到，对于这位诗人来说，"这些女性形象不是，也不可能以独立的实体或人类的身份存在于世界上"。相反，这些女性形象是必不可少的，是一种必要的补充，她能调解，表达，并且纠正诗人的暂时经历。[86] 为了体现对女人的这种利用，波德莱尔隐喻性地将女性的身体切成碎片，这样每一块碎片（马德以头发为例）都是失去时间的仓库。[87] 这是否与迪奥抽象女性身体的做法相似，女性成为设计师与时间的矛盾关系的意义

图 4.7　1952 年，迪奥在巴黎工作室与模特一起工作。摄 影，Roger Wood/Getty Images，霍尔顿档案馆收藏，© Getty Images

库？就此而言，不难看出迪奥与波德莱尔之间存在着一种紧密的联系；在迪奥眼中，模型就是他怀旧情绪的结晶。

　　卡洛琳·埃文斯分析了 20 世纪早期的一篇关于模特的文章，在文中她捕捉到了这些模特的奇怪状态，她在文中指出，现场定制时装屋的模特"被作为一个客体，也被作为一个主体，两者的表现截然不同"。[88]埃文斯写道，在体现风格的独特性和潜在的一致性的同时，模特所承载的是现代文化想象中的一系列紧张关系，其中最主要的是艺术和商业之间的紧张关系。这种矛盾在迪奥对待自己模特的方式中显而易见。在回忆录中，迪奥花了好几页的篇幅详细描述了每位模特的性格。但是，迪奥的模特们表现了个性，并将个性与服装的逻辑极端地联系在一起，她们也是在设计师反复无常的想象力（艺术）和客户的需求（商业）之间斡旋的人物。在《我是设计师》(Je suis couturier) [1] 一书中，迪奥说："是（模特）赋予了服装生命，并为其制造者的荣耀做出了贡献。"[89] 对模特的投入，是迪奥对观众的艺术品位的物质化的生动体现，不过它的观众普遍缺乏艺术感；仅是买家而已。

迪奥在一个层面上致力于自己作为艺术家的叙述，并扬弃一系列现代工作场所的限制，从工厂到会计办公室。然而，他也以雄心勃勃的商业计划而闻名，他推动了跨国扩张，并利用自己的品牌授权销售饰品和香水，从而彻底改变了高级定制时装的形象。除了"新风貌"外，他还成功地将迪奥打造成一个全球品牌，因而被载入史册。[90] 如果仔细观察迪奥的自我表述，你会发现，即使在他自称为艺术家的同时，他在商业经营方面也非常努力。在《谈论时尚》中，他承认是公司管理方面的有效运作，为他的自由表达创造了条件，[91] 他还将时装设计师描述为一个"创意商人"，依靠商业运作来销售那些创意，而这些创意，深受时尚结构的不稳定性、反复无常性的影响。迪奥曾写信给他的业务总监雅克·路艾（Jacques Rouet），对他的能力表示钦佩，赞扬他能很好地稳定这些想法，并从中获利。[92] 正如乔安妮·恩特威斯尔所言，时尚产业依赖于"审美价值"的产生，而"审美价值"，其本质并不恒定、不断变化；因此，它必须由市场内的参与者来协商和规定。[93] 迪奥对这一点认识非常清楚。他的模特们，有着非常静态的女性特质，在价值稳定的过

<hr>

[1] 《我是设计师》：法文书，它的英文版是上文提到的《谈论时尚》(Talking About Fashion)。——译者注

程中扮演着和雅克·路艾及其行政团队一样重要的角色。这是因为，与路艾和其他人不同的是，这些模特们和设计师本人一样占据着朦胧的空间；他们体现了艺术和工业之间的联系。

不妨再次读读迪奥对模特勒内的描述，她从女性变成商品："她将布料如此细腻地赋予了生命，脸庞消失了。"在这个描述中，静态的女人变得惊人地类似于沃尔特·本杰明在他的《拱廊计划》和其研究中探索的女人。尤其是妓女，对本杰明来说，代表了一种类似的停滞状态。用他的话说，她既是"卖家"又是所售的商品，这种地位的痕迹，在他对时尚女性的描述中也很明显。[94] 埃丝特·莱斯利（Esther Leslie）曾用一句话来概括这种新型的现代女性商品，这句话似乎也概括了迪奥对人体模特的理解："这变得……类似的东西是进入交换市场的准入，即达成平等，这种平等是所有站在劳动力市场面前的人的奇怪的平等……在资本主义社会，一种普遍化交换的经济体系正在传播，利用女性作为对象，引诱她们成为同谋的主体。"[95] 因此迪奥实践中对女性身体的抽象和自我叙述与资本的积累密切相关。这种波德莱尔式的女性美经济并非抽象的美学体系，尽管它看起来是这样的。这与迪奥不可避免地嵌入其中的物质交换关系密不可分。

迪奥，艺术与商业

事实上，迪奥本人和他的模特一样，是体现艺术和商业价值的主要中介，这两个领域在表面上充满了相互竞争。在书中他描述了他的一些商业活动，很有说服力。不同寻常的是，为了宣传自己的设计，迪奥会自己撰写新闻稿，而他用来描述这一过程的语言也值得注意："我起草了新闻稿，描述这一季的流行趋势，尽量用精确而非文学的语言来表达它。为了想出标题，以及为新时装加冕标志，我在最后一刻绞尽脑汁。"[96]这个过程，正如迪奥所描述的，是艺术和商业的混合体。他从本质上顺从自己艺术的一面，然后加以约束（用日常的语言描述它），以适应销售的要求。他揭示了自己所拿捏的一个微妙的平衡——就像展示这些服装的模特们一样，她们既要体现他所追求的艺术个性，又要让他的艺术作品易于理解，吸引买家的目光。

更重要的是，仅仅几页后，迪奥写道：

> 你可能会惊讶地发现，我很计较成本……衣服的价格才是最重要的。这些价格虽然经过公平计算，但其过程却不一定是正确的。一件不起眼的衣服，可能比另一件引人注目的衣服所花的时间要长得多……然而，我们怎么能向客户解释，制作"一件休闲的小礼服"需要和制作舞会礼服一样多的呵护和关注呢？

在这里，迪奥扮演了时尚界演员的角色，正如恩特威斯尔所描述的那样，他负责协商审美价值，使之符合市场的要求。例如，他制定了策略，协调劳动力成本和我们可能称之为奢侈礼服的想象价值，这种想象价值被置于一个壮观的、以图像为基础的网络中，从而获得增值。因此，迪奥所做的工作就是调解美学和商业方面的价值，他需要在两个领域之间架起桥梁：材料（以及劳动力成本）和抽象、朦胧的图像流通领域。这个例子清楚地表明，任何审美市场都拥有物质性和空灵性，实际上两者是相互依赖的，并有助于彼此的复制。然而，设计师通常不会像迪奥那样把自己定位在一个尴尬的位置上，他非常看重商业和美学之间的关系，即使他努力保持一些概念上的差异。

玛丽－弗朗丝·波赫纳抓住了关键所在：迪奥可以"完美地执行他宏伟的总体计划，实现其商业愿景。"权威加上友情和奢侈，为迪奥追求绝对真理创造了完美的环境，或者如塞西尔·比顿（Cecil Beaton）所说，在这里，"短暂的时尚与永恒的艺术共享最后的笑声"。[98] 我们可以抛开"完美和谐"和"绝对"的理想主义语言，关注主要的理论核心：波赫纳认为迪奥的艺术和商业利益的独特结合是为了服务于一个具有时间含义的目标而发展的。他会利用时尚所特有的时间，根据市场的灵活性和反复无常性，以朝着绝对的姿态来终止时间。这种时间冲动体现在他的服装廓形中。它从根本上标志着迪奥的自我表现。这个悖论部分构成了他时间记录的复杂性。他矛盾和妥协地转向过去，成为一种通过自我分裂来工作的方式，生活中艺术的永恒性与商业的时间限制所产生的紧张关系，导致迪奥的自我分裂。如果怀旧主要是一种想象力，是调解当今压力的手段，那么迪奥所面临的特定的当下约束环境是什么？许多答案可以追溯到艺术和商业之间的分裂，我刚才已经描述了面对这种分裂所做的协商，而现代高级定制时装作为一种受市场支配的、具有审美价值的特点，加剧了这种分裂。在迪奥的怀旧之情与女性形象之间，存在着如此紧密的联系，我们不得不重新思考女性气质的问题。正如女性在他的作品中扮演着时间的"出纳员"一样，贯穿文本的女性气质也处在艺术和商业之间，饱受煎熬。[99] 通过模特们表达出一种模糊不清的怀旧女性气质，不仅与迪奥的想象背景有关，这也与同质化商业对迪奥艺术家地位的威胁有关。再次借用艾丽莎·马德的术语，在迪奥对女性的描述中，我们可以看到，女性在调解现代艺术家暂时衍生的"痛苦"中所扮演的双重角色：她们既是那种痛苦的推手——比如模特，她们的生活必须服从时尚的工业逻辑，因而遭到束缚——又是潜在的补救良药。[100]

作为历史学家的设计师

像这样理解迪奥的怀旧结构——通过女性化方式，构建相关的商业结构——可以让我们重新定义我们附加在怀旧上的意义，包括性别化和物化。伊丽莎白·艾特卡（Elizabeth Outka）在这方面提供了可资借鉴的应用模型。在《消费传统》（*Consuming Traditions*）一书中，她通过20世纪早期的几个英语语境，追溯了过去（或传统）和现在（或现代）之间的复杂关系。她发现，艺术和商业之间的分离，与过去和现在之间的分离相互重叠。商品化和销售真实性的举动通常与传统有关，涉及精心管理的模糊界限，体现了原创与商业衍生的大规模复制原则之间的冲突。与之相关的是过去和现在的关系，显然体现了传统和现代之间的紧张关系，实际上两者之间的关系是模糊不清的：通过购买的物品或体验，现代销售技术传递着一种传统感。艾特卡指出，将传统商品化作为艺术和商业的结合，与现代社会错误的世俗观点密切相关。她写道，"现行的真实性允许对时间进行诱人的操纵——破碎它、扰乱它、扩展它、压缩它"。[101] 在现代时间明显的二分法结构中，它把过去与现在，物质商品和其他可销售的东西对立起来，暗中破坏了二元结构。

身体的存在往往使时间操纵成为可能，艾特卡表示："一种时间流逝的感觉可能被铭刻在物体或建筑的细节上，这表明对特定的消费者或读者来说，一系列过去的时刻同时存在于当下。"真实或想象的身体在这些设置中移动，将现代时刻的移动表现带到一个古老的、永恒的设置中。[102] 在这里，我们可以看到女性化的形象是如何处于迪奥自我叙述功能的核心位置；再次重申，它们是时间的中介。通过他们的身体接近他们所穿的衣服，它们作为迪奥所建立的一个界面，连接起以过去为导向的美学和时尚所依赖的"现代时刻"。艾特卡的研究帮助我们认识其中的利害关系：美学的商业化。女性气质不仅可以引领迪奥的个人审美和时间投资，还可以在现代社会秩序的背景下，确保传统审美的易读性，从而保证其市场价值。

从某种意义上说，这一分析让我们看到，女性被迪奥用来推销时间本身：用艾特卡的话来说，女性具有灵活性和可操控性。要做到这一点，女性需要在身体里融入两个不同时间的结晶。对此，沃尔特·本杰明有非常深刻的见解。在一个层面上，他将女性的身体描述为两个不同时代的承载者，这种看法与他的辩证形象理论相呼应，这一理论涉及在一个物体或现象中两个时代的共存——"星座"。基于这种特性，在《拱廊计划》中，本杰明本人对时尚给予了特别的关注。迪奥的整个美学，体现了不同时代的材料与怀旧并置，这似乎由本杰明作品中辩证形象的星座演绎而来。然而，辩证的形象包含着革命的种子。迪奥的时尚女性是否也具有同样的革命潜质，或者她仅仅代表了本杰明在时尚界所发现的可能性，一种他认为代表现代工业资本主义下社会关系僵化的形式？停滞的辩证法理论的终极幻想是，神话的过去和现在的并列所创造的形象本身是静止的，具有标志性的。它是一闪而过，与瞬间相一致，但它汇集了短暂与永恒（就像本杰明的灵感，波德莱尔所强调的时尚与现代性）。因此，永恒呈现出一种复杂性，掩盖了它表面上的静止。芭芭拉·维肯（Barbara Vinken）在一场关于本杰明的时装作品的展览中写道："我们可以说，古老不再安全。"这种新的关系通常被描述为雕像般永恒的、理想的美与当下时尚所表现的对美的扭曲之间的冲突——高与低之间的冲突。[103] 辩证意象，正如她在这个表述中所阐明的那样，可以说是呈现了雕像的具象特质：一种引人注目的循环和运动，一种将生命转换为神话般的意象……这是魅力的另一种描述吗？

当然，这种停滞的循环在迪奥的审美中得到了体现。这一点可以从我上面讨论的女人鲜活的身体对服装的从属关系中看出，而神话般的、雕像般的人物形象也可以从迪奥作品照片中那令人好奇的静止中看出。迪奥因此成为体现本杰明提出的时尚辩证法的典范：时尚"将有生命的身体与无机物的世界结合起来"。[104] 无机物，当然，指向时尚服装的材料。但它也可能被视为迪奥审美框架中以时尚女性为代表的雕塑。在描述真人模特穿的衣服如何展现或激发女性的活力时，迪奥描述的是一个短暂展开的石化过程；这不仅是有机物和无机物的结合，也是无机物——服装本身，以及雕像的冰冷、不朽之美——对活人的瞬间胜利。他再次强调，女性与死亡的结盟。对本杰明的解读可以支持这种认识：在《拱廊计划》中，死亡的形象通常与女性形象联系在一起，无论是时尚女性还是妓女。

将本杰明的理论应用到迪奥身上，让我们想起了迪奥的创作是商品。的确，这正是本杰明想让我们记住的。毕竟，他把辩证形象作为一种手段，从根本上打断商品文化的壮观景象所引发的非政治化的梦幻。

时尚，这种出类拔萃的商品，正是因为其商品化，才可以被视为辩证的形象；正如乌尔里克·雷曼（Ulrich Lehmann）所说：

> 根据唯物主义和精神分析的内涵，这种服装商品具有毫不掩饰的公开拜物教性质，它鼓励人们对社会的一种愤世嫉俗的看法，因为它回收旧的东西以产生新的商业。时尚对自己有限生命周期极其在乎，不断地宣告着历史连续体中即将到来的死亡和重生的裂痕。[106]

本杰明引入了时尚商品的"元批判"概念，并对其产生的系统进行了持续的物质批判。在实现自身死亡的过程中，时尚让人们看到了过时的利害关系，洞察了推动工业资本主义的欲望所在。本杰明相信，认识到这一点，将激发大众的革命觉醒。

迪奥的作品虽然清晰地构成了一系列辩证的形象，但不能因此认定它们在批判资本主义的意义上能激发革命，或具有激发革命的潜力，这无疑是荒谬的。无论如何，本杰明的方法不允许我们追溯异议的历史演变，而是对它的想象、构建和理论化。但是，尽管迪奥的"辩证形象"可能没有激发革命，事实上其塑造的形象还被认为具有相反的作用，作为战后保守主义的症状，他的作品肯定带有他自己对其作品的辩证本质的认识痕迹。[106] 我认为，迪奥是以"唯物主义历史学家"或"辩证学家"的身份出现的，他的作品在本杰明《拱廊计划》中被反复引用，在"关于历史哲学的论纲"一文中本杰明还对迪奥的作品进行了理论化。[107] 当然，迪奥不是历史学家，也不是理论家——也未对这些术语的传统定义进行过任何界定——从这个意义上说，他与作为辩证法学者的本杰明进行比较是不太合适的。但是迪奥的写作，加上他所创造的视野，揭示了他对历史的认识，用本杰明自己的术语来说，这与唯物主义历史学家的工作是平行的。看看《拱廊计划》"N次回旋"中关于"知识的理论化，进步论"等章节，它们揭示了与迪奥的工作相关的历史学家所做的职业描述：

> 历史学家所参与的历史事件，将以隐形墨水书写的文本形式呈现在读者面前。他展现在读者面前的历史，包含了在这篇文章中出现的引用。引用是一种大家都能读懂历史的方式。书写历史就是引用历史。然而，在任何情况下，历史对象都是从它的上下文中分离出来的，这属于引用的概念。

按照这种理解，历史学家特别关注当下，关注她或他周围的"事件"。正如唯物主义历史学家本杰明在《拱廊计划》和"关于历史哲学的提纲"中所揭示的那样，他并没有倒退，而是"参与"了他所生活的时代，在其生活和实践，允许过去和现在富有成果的并置。[109] 唯物主义历史学家的方法——就像本杰明自己的方法一样——包含了对一系列历史"事实"或观点的非线性和完全折中的阐述。历史唯物主义学说的非叙事特征的核心是"历史会变成形象，而不是故事"。[110]

当然，这正是迪奥所追求的方法。回想一下上文所提及的他的宣言，"我们生活在我们所处的时代；没有什么比背叛它们更愚蠢的了"。迪奥煞费苦心地将自己与当下的定位区分开来，以此作为他回归历史参照的条件。他转向过去，因为那是现在想要的。在本杰明的理论中，过去被揭示为一种调解或体验创伤性现在的手段："对于唯物主义的历史学家来说，他所经历的每一个时代，对于他自己必须生活的时代来说，都只是一个史前历史。"[111] 在迪奥的例子中，由于行业的性质，他对这些历史的引用包含了"蜕变为形象"，而不是叙述。迪奥的历史"写作"，既是他的实际服装，也是他创建的标志性档案，里面包括他的模特穿着他的服装的照片。当然，作为一个怀旧的主体，他陶醉于过去，但正如本杰明为唯物主义历史学家的实践所指定的那样，他所创造的物质视野必然将这些历史参照从他们的语境中剥离出来。事实上，物质的视野中充满了形象，在本杰明的意义上：形象是唯物主义历史学家的原始数据。[112] 此外，就像本杰明的辩证形象一样，迪奥的形象是那些"在一瞬间与现在一起形成的一个星座"，本杰明强调辩证形象的停滞的，完全静止的性质："一个历史唯物主义者不能没有这样的概念，即不是一个过渡，而是时间静止并停止。"[113] 这难道不正是迪奥创造的具有独特静态品质的标志性视觉语言所发挥的作用吗？

当然，迪奥创造的这些形象，使他成为一种唯物主义历史学家，这些形象不可避免地被女性化了。她们大多是活生生的女人、模特的形象，她们的生活被服装、物体所征服。即使这些照片不是真人模特的照片，那么这些照片的档案中就包含了从模特身上提取出来的服装草图，由于它们是女性服装，所以显得女性化。本杰明断言，"书写历史意味着给出它们面相的日期"，他在《拱廊计划》中，就面相对象的框架，给出一句格言，解释了它的字面意义：面相是物质的，是有形的。[114] 在迪奥的案例中，这种面相更为特殊；它是女性的。再次，在这里，我们看到迪奥用女性的物质身体来物化历史的概念。

图 4.8 威利·梅沃尔德（Willy Maywald）拍摄的迪奥 1947 年经典套装 Bar Suit，这张著名的时装照流传很广。Keystone France/Gamma Keystone via Getty Images 拍摄，©Gamma Keystone via Getty Images

　　对迪奥女性化辩证形象的探索，将我们带回到怀旧，并再次向我们展示了女性如何作为时间意识的载体。考虑一下迪奥模特所体现的辩证形象：它停止的时间让观众产生一种疏离感。正如本杰明在"机械复制时代的艺术作品"中所描述的，在机械复制时代之前，艺术作品的特征"光晕"（aura）[1]，取决于艺术对象与人类的距离；也就是说，在允许图像广泛传播的技术出现之前，它已经成为前现代艺术的对象。[115] 与机械

[1] 光晕：本雅明美学思想的中心概念之一，他将"光晕"上升到艺术命运的高度，他所关注的一个重要现象，便是"光晕"在现代复制艺术中的消逝。——译者注

复制和短暂的摄影和电影艺术不同，前现代艺术对象具有"永久性"的重要维度，部分构成了其"原真性"。它通过与仪式和传统的关系来表示永恒或非历史——尽管，正如本杰明所言，即使作为传统，它也"彻底地活着，而且极其多变"。[116]

对于艺术光晕消失的影响，本杰明在关于艺术作品的文章中有所论述，不过其态度暧昧。正如在其他地方所指出的，本杰明认识到传统所发挥的积极社会功能。[117]不过，他对光晕的泯灭、视觉领域的可及性增加，以及机械复制等现象仅持谨慎的乐观，虽然这些现象带来了"将艺术作品从对仪式的寄生依赖中解放出来"的潜能，推动了艺术感知过程的民主化。[118]在"论艺术作品"这篇著名的文章中，在讨论激发艺术原真性的吸引力时，本杰明对"法西斯主义批量侵占艺术的危险性"表示了担忧。[119]总之，这篇文章质疑了大规模复制给艺术光晕带来的影响。

因此，泯灭光晕的概念成为理解迪奥女性化作品的有用主题。我们已经看到，迪奥左右摇摆、自觉地攀上现在和无法定义的过去交相辉映形成的巅峰。在他的自我叙述中，他总是摇摆不定。自传的表述以迪奥的时间平衡行为为标志：他感觉到自己拥有植根于现在的明显需要，但又总是受到过去的牵引，抵消对现在的需要。尽管迪奥作品中的照片也有一种光晕的特质，但作为复制品，它们的原真价值不可避免地受到损害。因此，身着迪奥服装的女性们处于仪式和批量生产之间，因为她们不仅承受着两个不同时代的负荷，而且还承受着原真性和批量生产之间的张力。从某种意义上说，在她们对这两种紧张关系的体现中，女性揭示了她们的纠缠。在这里，朱迪丝·布朗在描述名人葛丽泰·嘉宝时对魅力的讨论是有借鉴意义的。她写道：

第四章
克里斯汀·迪奥：怀旧与女性美的经济

嘉宝的魅力——更普遍的魅力——取代了光华，标志着光华的熄灭，但也留下了迷人的痕迹；魅力确实成为20世纪对真实性和精神信仰丧失的回应。从批量生产中产生的魅力，保持着令人欣喜若狂的光辉，同时也保留着触及任何深度和意义的可能性。

根据这段描述的最后一句话，我们可以看出迪奥的模特从属于他的设计，她们在模特的行为中变得僵化和空虚。为了变得迷人，模特们表现出了与传统有关的真实性。然而，她们因此变得可复制，并失去了似乎由过去的图像所代表的时间深度。她们是怀旧的载体，但她们的可复制性——她们与短暂时尚产业变迁的象征和物质相联系——是对"纯粹"怀旧作为与现在的无拘无束接触的可能性的批判。她们表明，这个主题，文化，不可避免地存在于当下。

这正是迪奥所把握的悖论。抛开她们作为商业载体的明显作用不谈，仔细阅读这些自传作品，你会发现她们也试图舒缓设计师身份所带来的紧张感。迪奥作为一个受人尊敬的设计师，承载着一个理应真实的过去，即使在一季又一季的时装季中，他开拓的女性化的视野驱使着人们，由于驱动时尚的工业逻辑，使人们无法完全复制过去。事实上，我认为迪奥对这种复制的不切实际的认识，是弥漫在他的作品中忧郁的根源。它揭示了自己一直在寻找一种回归——回到想象中的"家"，回到他的母亲，回到他的童年，但很快就停止了，他的职业结构和他的设计不断提醒他，回归是不可能的。女性，作为时间复杂性的承载者，编织着迪奥主观忧郁的密码。从这个意义上说，她们在自我表述中是完全存在的，即使她们没有被明确地讨论。她们代表了迪奥作为艺术家和实业家的自我分裂状态的形象。

当然，她们也很美，而且她们的美暗示了迪奥对自己忧郁的审美化：他具有一种将忧郁浪漫化的品质，经常能在忧郁中发现一种特别的美。[121] 在迪奥的艺术档案中有很多关于女性美的陈述，值得回味：高级定制时装的"真正功能"是"装饰女性，并增强她们的真正美丽"。他的作品是"短暂的建筑，致力于女性身体之美"。对女性美的渴望明确地表达了他参与时尚行业的动机。迪奥的渴望超越了实践中隐含的过去与现在之间的紧张关系。对他来说，女性既是迪奥自我状态的高度个人化的表达，也是渴望脱离自我、进入纯粹美学领域的客观表达。正是在后一种意义上，他的创作和她们的造型接近现代主义艺术的抽象。通过这种方式，他的作品宣称了某种超越性的领域，这是某些高度现代主义艺术形式所指向的。然而，与现代主义美学的抽象不同，迪奥超越了一个行业，或者一个世界的实用性，这个行业或世界不允许他生活在他所渴望的时间秩序中，他能做的就是把女性塑造成美的对象。

凯茜·普索米亚迪斯关于维多利亚时代唯美主义的观点，有助于解释这种通过女性来表达的超越的吸引力。普索米亚迪斯分析了美在维持一种与工业和市场现实截然不同的纯净美学领域的信仰中的作用。她指出，美的概念让公共领域（市场）和私人领域（内在和美学）的严格划分复杂化：

> 美，而不是灵魂，才是问题的关键，因为美实实在在在凝结在物体上，因此，美才能成为问题的关键，因为它具有性感的吸引力。与

灵魂不同，美具有物质的存在性；它跨越精神和物质的领域，它吸引人们关注艺术的双重性质，无价却又可以出售。毕竟，艺术产品的物质性使它们不能完全自治，正是在这种物质性的基础上，艺术产品才被商品化。

从这个角度来看，迪奥通过女性美把握了对时间的超越，这种超越与时尚作为一种文化产业的结构有着不可分割的联系。犹如对待艺术一样，时尚与市场的密切关系令人深感不安，但与艺术领域相比，它对市场的依赖更为明显。正如普索米亚迪斯在其他地方写道："在英国唯美主义（British Aestheticism）[1] 中……女性气质是将经济转化为象征资本的源泉。"123 确实，这是她一直在展示的，她补充说，这是女性特质特定的时间形态，促进了这种转化。在时尚产业中，女性美的中介作用是极为重要的，因为美是时尚产业的引擎。

从某种意义上说，迪奥通过描述时间表征的相互坍塌，让我们看到了女性形象和行业本身的模糊性。但正如普索米亚迪斯煞费苦心指出的那样，我们不一定要屈服于矛盾的诱惑；124 矛盾是重新巩固传统性别结构的另一个名称，但并不一定意味着要拆除这些结构。在迪奥的案例中，我们看到了一套相互关联的二元体系的持续支撑——男性和女性，现在和过去，市场和艺术——甚至这些都通过行业机制和迪奥自身的自我表述不断显现出来。通过阅读他的经历，我们看到，无论是对于迪奥合作

------

[1]　英国唯美主义：唯美主义主张艺术哲学应独立于所有哲学之外，艺术只能以艺术自身的标准来评判。英国唯美主义由 19 世纪 40、50 年代出现的先拉斐尔派拉开序幕，经过 60 年代的一度繁荣和衰落，到 90 年代形成高潮。王尔德被公认为是唯美主义的集大成者。90 年代末，他退出文坛后，英国的唯美主义思潮即进入尾声。——译者注

的女性和女性形象，还是作为一个同性恋的他自己来讲，矛盾仅仅指向一种个人绝望的情感，而不是一种自由的伦理或美学。

结 论

时尚自我，反思矛盾

　　苏珊·凯泽和凯露·凯彻姆（Karyl Ketchum）坚持认为时尚是文化情绪的系列结晶，并对时尚出现所依赖的时间关系做了评论："时尚 / 时尚性可能提供了典型的媒介……锻造了亲密和社区的纽带。"[1] 理论家们对时尚的思考，更多聚焦在时尚的物质性上——关注我们的衣着，以及他人对我们衣着的评价，思考时尚是如何促进个人和集体身份的建构。时尚写作也是如此。在波烈、夏帕瑞丽和迪奥的文本中，时尚建立起一种关系的表达方式，诸如设计师与消费者、设计师与文化想象，以及最后也是最重要的关系，设计师与现代女性。

　　然而，设计师的自我表述充满矛盾，构成其最显著的特点。他们书中所描述的关系，很不稳定，并且这种关系对每个设计师的价值也是不确定的。事实上，这种关系到头来都被视为某种威胁。它可能会威胁到时装设计师作为自我奋斗的天才的地位，而他们的成功正是时尚界所依赖的那种神话。这些设计师往往与他们原本依赖的关系保持着距离，这可能有其市场原因。为了所在的公司运营免受威胁（例如夏帕瑞丽和波烈），并实现自己的理想，超越他们的文化时代，从而在时尚万神殿中占据一席之地，设计师们必须突出自己的个性。从这些设计师自我塑造的遗产中，可以看出他们的努力与焦虑，在描述自我成功中，甚至自我认知中，他们试图否认他人的中心地位。在他们的文本中，矛盾正是源于这一点：源于它们被女性气质和女性烙下了深深烙印，但他们回过头来却拒绝以此来标记自我。

波烈作品中的矛盾情绪特别转向了女性在历史中的地位。当他以积极的态度描绘它们时，这些描绘就成为他自我形象的有力支撑。这些女性大多属于非历史或前现代时代。当女性被描绘成负面的形象时——它们就蜕变成导致他作为时装设计师没落的原因——归咎于她们太现代了。她们与工业现代化进程紧密相连，这些进程使大众时尚成为对时装设计师的终极威胁。因此，波烈所表述的矛盾直接取决于他对女性知识的解读，女性，要么被隔离在历史之外，要么是现代时代里一种可怕的不安分因素。这种认识本身就是矛盾的：它既是古老的（与生俱来的秘密领域）又是现代的（由时尚的民主化和现代化过程非自然地产生）。波烈对时装设计师矛盾认知的表述指向了性别与理性概念的时代交汇点。时尚领域，关联着女性化、琐碎化和非理性，因而男性时装设计师的身份总是被置于危险之中。

在夏帕瑞丽的案例中，矛盾主要在于她自己。她的作品并没有将矛盾转移到他人身上，而是以其在语言上分裂的自我身份，将时尚的矛盾作为一个女性形象，以此奠定自己作为设计师的基础。尽管对矛盾性的描述经常出现在讨论其他女性的文字中，但这些女性并没有像她那样具有本质上矛盾的身份。她们总是被用来说明设计师自己的矛盾。在她的案例中，揭示了两个夏帕瑞丽之间的鸿沟。这里的矛盾是内在的——但它最终被用来讨论设计师的真实性，这激发并逼迫她退出时尚行业，这个领域因其女性的肤浅受到诋毁。因此，在这里，尽管作为客户、工人或缪斯的女性不一定表现出矛盾认知，但矛盾再次发挥作用，使设计师（尽管她是女性）与作为他人的女性气质保持距离，并对自我构成威胁。

迪奥对矛盾的表述与夏帕瑞丽的表述有所相同。其中可以看出一种可见的必要性，忽隐忽现，将他的自我与他如此明显依赖的女性他者拉开距离。这种对女性的疏离与他对女性气质和各种女性的关系结合的表述形成了强烈的对比。从某种程度上讲，迪奥成其为迪奥，是由于他无法将女性与他自己分开，不过，对此，他在许多关键时刻进行了遮掩，强调自己的独立性。在主要回忆录《迪奥与我》中，自我围绕包括性别在内的各个轴心分裂。他的矛盾与其说是因为女性对他作为设计师的生存能力构成威胁，不如说是因为她们与他的接近，引起了人们对他的艺术主张的质疑。正如他对模特的描述所表明的那样，女性是商业的载体。尽管他以对商业友好著称，但出于对商业的反感，他渴求将商业与自我分开，以免玷污自己的艺术声誉。他对女性的矛盾很大程度也因他在处理艺术和商业的关系方面陷入困境，然而，艺术和商业又是支撑他工作的两极。

事实上，在所有情况下，艺术与商业，这两个领域始终存在着意识形态的对立，身处这样的文化环境，面对艺术和商业之间的门槛，时装设计师总是置身于困境之中，因而表现出一种矛盾。设计师将这种情况带来的大部分焦虑转移到了女性身上——以及女性形象——她们是他们行业的赞助人。因此，女性成为矛盾的替身，并成为模棱两可的人物。[2]这本书表明，赋予女性和女性气质含糊不清的定义，是时尚独特的时间结构。现代主义时尚介于多种时间结构之间，是现代女性复杂地位的一种物质指标。关注它的时间结构，就可以看出形式本身的模糊性；时尚在很多方面都是一个矛盾的领域。

面对现代女性气质，人们展开了激烈的争论，把握其复杂性有助于设计师理解如何应对这些争论。对于女性气质的表达，波烈、夏帕瑞丽和迪奥的作品采用的是一种通用方式的缩影。总的来说，在 20 世纪初，在从大众媒体到社会理论的各种背景下，时尚都受到重视，仔细阅读有关时尚的文献——不限于设计师的自我表述——表明它被视为女性气质的现代象征。关于美妆和时尚跨国媒体正在成为一个平台，建构和协商着由女性气质的现代化所引发的焦虑和困惑。[3]从这个意义上说，设计师正是使用女性来代表其社会地位的矛盾，对此，伊娃·费德·基泰曾有同样的阐述，"女性是一种隐喻"。

设计师们试图隐藏他们与艺术和商业的交织，这种行为被视为对时尚界广泛存在的矛盾特征的一种表达。针对时尚中矛盾现象的作用，时尚界许多最精明的分析师都做过理论化分析。[4]大部分文献都关注服装带来的模棱两可的身份表现；正如安·博尔特伍德（Anne Boultwood）和罗伯特·杰拉德（Robert Jerrard）所写，"时尚的表面肤浅性被它所表达的，源自个人内部冲突的矛盾所掩盖"。[5]与博尔特伍德和杰拉德的看法一样，许多时尚文献也将这种主观的矛盾现象视为后现代而非现代时代的产物。但波烈、迪奥和夏帕瑞丽等设计师的作品让我们能够追溯现代巅峰时期矛盾的运作方式。事实上，这些设计师的自画像表明，阅读文本中描述的身份矛盾可以更好地理解穿着时尚带来的身份矛盾。

时尚文献倾向于关注这种矛盾现象，由此发现其开放性和可能性。例如，凯泽和凯彻姆将矛盾性描述为"一个身份变量与其对立面或一个主题与其对立面所产生的冲突，由此，产生一种混合外观，矛盾性正是对这种混合外观的表达"。[6] 他们认为，时尚有能力干预西方认知方式中压倒性的二元逻辑："矛盾可以被视为一种持续的话语——一种融合了被视为二分法的身份对立。"[7]

现代设计师的自我表现方式的特点正是凯泽和凯彻姆所讨论的那种矛盾现象。波烈、夏帕瑞丽和迪奥的文本描写了二元逻辑的持久性，以及挑战这种二元逻辑给人们带来的负面后果。设计师的自我形象波动在艺术家和产业家两种身份之间，是构成这种矛盾张力的一个组成部分。另一种张力来自古典女性形象与现代女性形象之间的持续波动。然而，在这些设计师文本中对女性的这种矛盾性的位置提出了一个问题，即矛盾是否像人们经常声称的那样是一种解放方式。它的影响似乎并不像时尚批评中通常认为的那样直接而积极，即使我们认识到矛盾一词暗示了对开放性和可能性的探索。

尽管对女性的描述不稳定，但这些文本最终还是支持了一些批判性的二元论。也就是说，这种波动有助于理解男性气质和女性气质的本质差异。所有的设计师——甚至是最愿意探索自己与女性气质的主观亲密关系的迪奥——最终都在从事着与众不同的工作。他们将女性气质的构造从自己的身份中推开，以维护设计师自我身份纯洁性和目的单一性的伪装。虽然女性和女性气质对设计师的自我概念形成具有重要性，因而，从女性主义者的角度来看这种关系视角是具有解释力的，但当为了有效地否定一种关系而展开这种关系时，这种关系的积极影响就被抵消了。

对这种关系拒绝所表现的立场，支持设计师和女性之间的二分法——最常见的是，女性作为客户；这甚至适用于作为女性设计师的夏帕瑞丽。总体而言，本书涉及的三位设计师都认为女性是静止的，永恒的，在他们眼里，女性缺乏有意义和创造性地参与时尚的能力。当然，这些都是时间结构：创造者在时间中工作，具有独特的权力，既可以同时适应现在和永恒，也可以超越时间。然而，女性在这些活动中缺乏跨越时间的能力。因此，设计师和女性之间的二分法重新折叠成过去和现在的二分法构造，时尚似乎在许多层面上都面临挑战。虽然设计师使用时尚探讨了过去、现在和未来的复杂性，并宣称自己对所有时间的忠诚，或者把自己统称为时尚的文化描述者，但他们并没有将这种时间上的灵活性延伸到女性身上。女性不具备设计师本身的柔韧性。可以肯定的是，女性的形象是不稳定的，但她们没有同时拥有多个时空的奢侈；她们被滞留在过去，深陷其中。综合来看，这是这些文本中女性气质的总体构造。

然而很明显，现代女性的概念也不同程度地存在于这些文本中。但正如我在谈到波烈时所指出的——这在夏帕瑞丽中也很明显，她对女性主义者和"男性化"的现代女性发起了攻击——通过讨论时尚节奏的关系，女性被描绘成时髦的，受到贬损。事实上，当女性追逐现代时，她们崇尚的是差异，而不是永恒或怀旧。当然，时尚话语经常将女性与现代性联系在一起，但在许多情况下，这种女性与现代性的联系是对现代社会结构解体的深切焦虑的症状——或者，就时装设计师而言，它构成了对设计师至高无上地位的威胁。[8]毕竟，如果将女性称为现代人，那么她必将陷入工业化、标准化和被复制的危险境地，这些危险威胁着设计师作为艺术天才的形象。卡洛琳·埃文斯对模特的出色研究表明，模特作为典型的现代时尚女性不仅唤醒了人们的欲望，也引起了人们的恐惧："对日益机械化和女性角色变化的恐惧被投射到时尚的怪诞形象上。模特被视为一种新的职业女性，冷酷而疏远，不像舒适的女演员，也不像吸血鬼女杀手。"[9]这是迪奥女性迷人冷酷的另一面；冷酷使女性变得无法企及——无法掌控？——正如她通过现代性所代表的生产失控一样。

因此，追踪设计师的自我表述方式，可以促使人们反思时尚理论，理解时尚如何将女性置于历史和公共文化中——以及随之而来的隐含论点，即这种向现代化迈进的进程大多被认为是积极的。假设女性气质是可变构造的，从来就不是，也不应该被理解为现代或古老的，而是一个灵活的，具有内在的多重性的概念，这种假设似乎更准确。它将随着环境条件、政治和文化压力而改变。[10]女性主义批评家对女性在现代时期的作用的笼统概括是没有帮助的。相反，为了使这个我们持续讨论了几十年的问题变得更加深入，或许为了重振讨论，对这一时期女性特质的矛盾性，我们需要特别关注，在讨论中突出"现代性的矛盾遗产"[11]（以及女性特质），并且否认这个时期（或女性在其中的地位），在任何方面存在的统一性，即使在西方现代性中也是如此。

这三位设计师的文本呈现了另一种描述方式，挑战着我们自己围绕女性气质和现代性建构的二元结构。通过质疑可见性和不可见性的二分法，这种二分法在过去四十年中一直是女性主义理论的基础。在某种程度上，女性在这些文本中无疑是可视的景观，因为它们的读者无法将这些文本与时尚的视觉文化区分开来，时尚的视觉文化充满了女性身体的图像。然而，在将女性构建为设计师的他者的过程中，文本也渗透着一种可辨别的隐身动态变化。设计师对这些人物的遮遮掩掩，抵消了女性景观的可见度。设计师回忆录和其他自我叙述的作品，对自我有所夸大，势必削弱女性的可见度；为了确保设计师的权威，必须让女性日蚀暗淡。事实上，针对这些文本中和更普遍的现代性中的可见性和不可见性而言，日蚀是最为恰当的隐喻。对于一个日蚀，即使它是日全蚀，仍然会传递一些被蚀对象的痕迹，导致完全遮蔽的失败。这是女性的隐身 / 可见性的愿景，可以解释现代女性面对可见性所承受的不同压力，以及她们是如何从可见到不可见的。

在夏帕瑞丽、迪奥和波烈的作品中，解读女性气质概念的压力，不应被视为对时尚的攻击。事实上，我在这里提出的保留意见旨在强调时尚作为现代性女性主义研究的盟友的价值。正是因为它的矛盾性，才将时尚铸就成为一个了不起的装置。时尚提出了一种非线性的时间概念，并对性别的传统主张——当然，更普遍的社会认同——提出了质疑。如果企图实现对女性和现代性的解读复杂化，时尚是必不可少的。时尚有助于我们的分析在社会生活的复杂特征中，以及在我所长期追踪的关于女性气质的不同的流行话语中找到共鸣。

因此，时尚本质上的模糊性和多样性，对当代文化批评家们来说，是一件值得探究的事情，让他们知道我们应该如何在女性与现代的关系中去理解女性气质。回想一下，在第一章中引用的卡洛琳·埃文斯的话：

"时尚是一种范式，它可以承载一种矛盾。这是非常现代的。整个事物是一种'辩证形象'或'批判性的星座'，不仅是过去和现在，而且是不同的现代性，它的'当下时间'可以将它们统统终止。"[12] 当前的现代主义研究也在寻求同样的范式——他们正在转向多元的、全球性的现代性，而不是长期以来所信奉的、单一的，以欧洲为中心的现代主义，以及持有"不同国家和地区的现代主义"，所有这些表达"一起处于暂停状态"，我们需要更多关注的是它们的表达方式，而不是将它们同质化。[13] 现代性中的性别研究也可能受益于类似的举措，即我们暂停纠缠那些具有明显冲突的女性形象，它们来自阅读书中讨论的文本或其他文本，不再聚焦其准确性。相反，我们批判性凝视的焦点变成了表达本身。正是时尚、非凡的批判和物质工具，将我们带入这个富有成效的研究领域。

注 释

前言 设计师自我塑造中的时尚、女性气质与现代性

1. Michel Foucault, The Order of Things: An Archaeology of the Human Sciences (1966; Vintage, 1970), p. 310.

2. See Marshall Berman, All that is Solid Melts into Air: The Experience of Modernity (Simon and Schuster, 1982) for this classic formulation of modernity as a dialectic of cultural and social change, modernism and modernization. Stephen Kern's The Culture of Time and Space 1880–1918 (Harvard University Press, 1983) provides an excellent, accessible overview of changing conceptions of space and time.

3. Harvie Ferguson, Modernity and Subjectivity: Body, Soul, Spirit (University Press of Virginia, 2000), p. 3.

4. 'Etre à la mode', Vogue (Paris), April 1930, p. 59. '[L]a Mode est indifférente comme l'oubli. Elle ignore ce qu'elle a cessé d'aimer, elle ne parait changeante que parce qu'elle est si fidèle—fidèle a son désir de plaire.'

5. See Catherine Constable, 'Making up the Truth: On Lies, Lipstick, and Friedrich Nietzsche', in Stella Bruzzi and Pamela Church Gibson, eds., Fashion Cultures: Theories, Explorations, and Analysis (Routledge, 2001), pp. 191–200.

6. Efrat Tseëlon, The Masque of Femininity (Sage, 1995), p. 14.

7. On the unique time signature of fashion, see Barbara Vinken, Fashion Zeitgeist: Trends and Cycles in the Fashion System (Berg, 2005); Susan Kaiser and Karyl Ketchum, 'Consuming Fashion and Flexibility: Metaphor, Cultural Mood, and Materiality', in S. Ratneshwar and David Glen Mick, eds., Inside Consumption: Consumer Motives, Goals, and Desires (Routledge, 2005), pp. 132–7; Patrizia Calefato, 'Time', in Lisa Adams, trans., The Dressed Body (Berg, 2004), pp. 123–34.

8. Elizabeth Wilson, Adorned in Dreams: Fashion and Modernity, rev. ed. (Rutgers University Press, 2003), p. 3.

9. Mary Louise Roberts, 'Samson and Delilah Revisited: The Politics of Women's Fashion in 1920s France', American Historical Review 98, no. 3 (1993), pp. 57–84; Tag Gronberg, Designs on Modernity: Exhibiting the City in 1920s Paris (Manchester University Press, 1998); Mary Lynn Stewart, Dressing Modern Frenchwomen: Marketing Haute Couture, 1919–39 (Johns Hopkins University Press, 2008).

10. Charles Baudelaire, 'The Painter of Modern Life', in Jonathan Mayne, trans., The Painter of Modern Life and Other Essays, (Phaidon Press, 1964); Georg Simmel, 'The Philosophy of Fashion' and 'Adornment', in David Frisby and Mike Feather- stone, trans., Simmel on Culture (Sage, 1997), pp. 187–206 and pp. 201–11; and Walter Benjamin, Convolute B, 'Fashion', in The Arcades Project, trans. Howard Eiland and Kevin McLaughlin (The Belknap Press, 1999).

11. Rita Felski, 'On Nostalgia: The Prehistoric Woman', in The Gender of Modernity (Harvard University Press, 1995), pp. 35–60. See also Anne Witz, 'Georg Simmel and the Masculinity of Modernity', Journal of Classical Sociology 3, no. 1 (2001), pp. 353–70; and Anne Witz and Barbara Marshall, 'The Masculinity of the Social: Toward a Politics of Interrogation', in Anne Witz and Barbara Marshall, eds., Engendering the Social: Feminist Encounters with Social Theory (Open University Press, 2004), pp. 19–35.

12.Rita Felski, 'Telling Time in Feminist Theory', Tulsa Studies in Women's Literature 21, no. 1 (2002), p. 21.

13.David Frisby, Fragments of Modernity: Theories of Modernity in the Work of Simmel, Kracauer, and Benjamin (MIT Press, 2004), p. 13.

14.See Ben Fine and Ellen Leopold, The World of Consumption (Routledge, 1993), for a discussion of the inseparability of production and consumption in fashion.

15.See Valerie Steele, 'Chanel in Context', in Juliet Ash and Elizabeth Wilson, eds., Chic Thrills: A Fashion Reader (University of California Press, 1992), pp. 118–26; Nancy J. Troy, Couture Culture: A Study in Modern Fashion (MIT Press, 2003); Yuniya Kawamura, Fashionology: An Introduction to Fashion Studies (Berg, 2005); and Christopher Breward, The Culture of Fashion: A New History of Fashionable Dress (Manchester University Press, 1995).

16.Penelope Deutscher, Yielding Gender: Feminism, Deconstruction, and the History of Philosophy (Routledge, 1997), p. 15.

17.Ibid.

18.Ibid., p. 2.

19.Eva Feder Kittay, 'Woman as Metaphor', Hypatia 3, no. 2 (1988), p. 63.

20.Ibid., p. 65.

21.To contextualize the ways that women are figured as the mediators of modern anxiety, see John Jervis' chapter, 'Modernity's Sphinx: Woman as Nature and Culture', in Transgressing the Modern: Explorations in the Western Experience of Otherness (Blackwell, 1999), pp. 107–33, and especially Elissa Marder, Dead Time: Temporal Disorders in the Wake of Modernity (Stanford University Press, 2001).

22.Robert Smith, 'Internal Time Consciousness of Modernism', Critical

Quarterly 36, no. 3 (1994), p. 26.

23. Natania Meeker, '"All Times are Present to Her" : Femininity, Temporality, and Lib- ertinage in Diderot' s "Sur les femmes"' , Journal for Early Modern Cultural Studies 3, no. 2 (2003), p. 91.

24. Kathy Alexis Psomiades, 'Beauty' s Body: Gender Ideology and British Aestheticism' , Victorian Studies 36, no. 1 (1992), p. 48.

25. Ibid., pp. 46, 47.

26. See Deutscher, Yielding Gender; and Linda Zerilli, Signifying Woman: Culture and Chaos in Rousseau, Burke, and Mill (Cornell University Press, 1994).

27. Rod Rosenquist, Modernism, the Market, and the Institution of the New (Cambridge University Press, 2009).

28. Troy, Couture Culture; Steele, 'Chanel in Context' . Jacques Doucet built up an outstanding and important modern art collection. Paul Poiret designed costumes for the then-daring Ballets Russes. Elsa Schiaparelli collaborated with such modernists as Salvador Dali and Jean Cocteau; later in her career, she designed costumes for avant-garde theatre productions. On the close relationship between fashion and modernist music in Paris, see Mary E. Davis, Classic Chic: Music, Fashion and Modernism (University of California Press, 2006).

29. See, for example, Robert Jensen, Marketing Modernism in Fin-de-Siècle Europe (Princeton University Press, 1993); Kevin J. H. Dettmar and Stephen Watt, eds., Marketing Modernisms: Self-Promotion, Canonization, and Re-reading (University of Michigan Press, 1996); Susan Burns, Inventing the Modern Artist: Art and Cul ture in Gilded Age America (Yale University Press, 1996); Lawrence Rainey, Institutions of Modernism: Literary Elites and Popular Culture (Yale University Press, 1998); Catherine Turner, Marketing Modernism Between the Two World Wars (University of Massachusetts Press,

2003); and Aaron Jaffe, Modernism and the Culture of Celebrity (Cambridge University Press, 2005).

30. Nancy J. Troy, 'Fashion, Art and the Marketing of Modernism', in Couture Culture, pp. 31-6.

31. Tiziana Ferrero-Regis, 'What is in the Name of the Fashion Designer?' (Paper presented at the Art Association of Australia and New Zealand Conference, Brisbane, Australia, 5-6 December 2008), http://eprints.qut.edu.au/18120, ac- cessed 13 February 2011.

32. Jaffe, Modernism, p. 10.

33. Jean Worth, 'Harmony is the Great Secret', in Principles of Correct Dress, by Florence Hull Winterburn with Jean Worth and Paul Poiret (Harper and Brothers, 1914), p. 20.

34. Thomas Strychacz, Modernism, Mass Culture, and Professionalism (Cambridge University Press, 1993), p. 23. Italics mine.

35. Ibid., p. 24.

36. Agnès Rocamora, 'Le Monde's discours de mode: creating the créateurs', French Cultural Studies 13 (2002), pp. 89-90.

37. See, for instance, Sidonie Smith, 'The Universal Subject, Female Embodiment, and the Consolidation of Autobiography', in Subjectivity, Identity, and the Body: Women's Autobiographical Practice in the Twentieth Century (Indiana University Press, 1993); Linda Anderson, 'Autobiography and the Feminist Subject', in Ellen Rooney, ed., The Cambridge Companion to Feminist Literary Theory (Cambridge University Press, 2006), pp. 119-35; and Domna C. Stanton, 'Autogynography: Is the Subject Different?' in Sidonie Smith and Julia Watson, eds., Women, Autobiography, Theory: A Reader (University of Wisconsin Press, 1998), pp. 131-44.

38. Martin A. Danahay, A Community of One: Masculine Autobiography and Autonomy in Nineteenth-Century Britain (SUNY Press, 1993), p. 11.

39. Julia Watson and Sidonie Smith, 'De/Colonization and the Politics of Discourse in Women's Autobiographical Practices', in Sidonie Smith and Julia Watson, eds., De/Colonizing the Subject: The Politics of Gender in Women's Autobiography (University of Minnesota Press), p. xvii.

40. Pierre Bourdieu with Yvette Delsaut, 'Le couturier et sa griffe', Actes de la recherche en science sociales 1 (1975),p. 21. '[L]e pouvoir magique du "créateur", c'est le capital d'autorité attaché à u une position qui ne peut agir que s'il est mobilise par une personne autorisée ou mieux s'il est identifiée a une per sonne, a son charisme, et garanti par sa signature. Ce qui fait du Dior, ce n'est pas l'individu biologique Dior, ni la maison Dior, mais le capital de la maison Dior agissant sous les espèces d'un individu singulier qui ne peut être que Dior.'

41. Julie Rak, 'Autobiography and Production: The Case of Conrad Black', International Journal of Canadian Studies 25 (2002), p. 150.

42. Ibid.

43. Watson and Smith, 'De/Colonization', p. xix.

44. Nancy K. Miller, 'Representing Others: Gender and the Subject of Autobiography', differences 6, no. 1 (1994), p. 9.

45. Mimi Schippers, 'Recovering the Feminine Other: Masculinity, Femininity, and Gender Hegemony', Theory and Society 36, no. 1 (2007), p. 94.

46. Abigail Solomon-Godeau, 'The Other Side of Venus: The Visual Economy of Feminine Display', in Victoria De Grazia, ed., The Sex of Things: Gender and Consumption in Historical Perspective (University of California Press, 1996), p. 114.

47.Christine Buci-Glucksmann, 'Catastrophic Utopia: The Feminine as Allegory of the Modern', Representations 14 (Spring 1986), p. 221.

48.See Schippers, 'Recovering the Feminine Other'.

49.Harold Koda and Andrew Bolton,eds.,Poiret (Metropolitan Museum of Art, 2007).

50.E.g. Remy G. Saisselin, 'From Baudelaire to Christian Dior: The Poetics of Fashion', The Journal of Aesthetics and Art Criticism 18, no. 1 (1959), pp. 109–15; Chris Brickell, 'Through the (New) Looking Glass: Gendered Bodies, Fashion and Resistance in Postwar New Zealand', Journal of Consumer Culture 2, no. 2 (2002), pp. 241–69. Dior is also often referenced in work about the expansion of the fashion industry and the development of new strategies of retailing,licensing, and branding, e.g. Corinne Degoutte, 'Stratégies de marques de la mode: convergence ou divergence des modèles de gestion nationaux dans l'industrie de luxe (1860–2003)?' Entreprises et Histoire 46 (2007), pp. 125–42.

51.Alexandra Palmer, Dior (V&A Publications, 2009).

52.Caroline Evans, 'Masks, Mirrors and Mannequins: Elsa Schiaparelli and the Decentered Subject', Fashion Theory 3, no. 1 (1999), pp. 3–32; Caroline Evans, 'Denise Poiret: Muse or Mannequin', in Harold Koda and Andrew Bolton, eds., Poiret (Metropolitan Museum of Art, 2007), pp. 27–9.

53.For a discussion of the rarity of analyses of fashion writing versus the visual culture of fashion, see Laird O'Shea Borrelli, 'Dressing Up and Talking about It: Fashion Writing in Vogue from 1968 to 1993', Fashion Theory 1, no. 3 (1997), pp. 247–59.

54.Roland Barthes, The Fashion System, trans. Matthew Ward and Richard Howard (University of California Press, 1983).

55.Ibid., p. xi.

56. Borrelli, 'Dressing Up', p. 248.

57. Pierre Bourdieu, 'But Who Created the "Creators"?' in Sociology in Question, trans. Richard Nice (Sage, 1993), p. 140.

58. Caroline Evans, 'Masks, Mirrors and Mannequins'.

59. Andrew Tolson, '"Being Yourself": The Pursuit of Authentic Celebrity', Discourse Studies 3, no. 4 (2001), pp. 443–57.

60. For a very helpful explication of the rise of the discourse of celebrity authenticity, see Kurt Curnutt, 'Inside and Outside: Gertrude Stein on Identity, Celebrity, and Authenticity', Journal of Modern Literature 23, no. 2 (1999–2000), pp. 291–308.

61. Richard Dyer, 'A Star is Born and the Construction of Authenticity', in Christine Gledhill, ed., Stardom: Industry of Desire (Routledge, 1991), p. 136. Italics in original.

62. Curnutt, 'Inside and Outside', p. 296.

63. Ibid., p. 297.

64. Leo Braudy, The Frenzy of Renown: Fame and its History (Vintage, 1986), p. 469.

65. See 'Early Twentieth-Century Fashion Designer Life Writing', CLCWeb: Comparative Literature and Culture 13, no. 1 (2011), pp. 1–10. In this article, I offer a reading of aspects of Poiret's and Schiaparelli's memoirs that suggests that melancholy derived from the ascendancy of the industrialized American fashion industry over the French model is a primary condition of professional life for the designer. Here, I engage with the texts more broadly, suggesting that their personae indicate a larger cultural anxiety about fashion and their place in a changing industry.

66. Jens Brockmeier, 'Autobiographical Time', Narrative Inquiry 10, no. 1 (2000),

p. 63. For more criticism which focuses on the constellation of past and present in life writing, see Susan Marson, 'The Beginning of the End: Time and Identity in the Autobiography of Violette Leduc', Sites: Journal of Twentieth Century/Contemporary French Studies 2, no. 1 (1998), pp. 69–87; and Burton Pike, 'Time in Autobiography', Comparative Literature 28, no. 4 (1976), pp. 326–43.

67.Rockwell Gray, 'Time Present and Time Past: The Ground of Autobiography', Soundings 64, no. 1 (1981), p. 60.

68.Ibid., p. 63.

第一章：时尚与现代女性气质的时间性

1. Rita Felski, The Gender of Modernity (Harvard University Press, 1995); Rita Fel- ski, 'The Invention of Everyday Life', in Doing Time: Feminist Theory and Postmodern Culture (New York University Press, 2000); Rita Felski, 'Telling Time in Feminist Theory', Tulsa Studies in Women's Literature 21, no. 1 (2002), pp. 21–7; Anne Witz, 'Georg Simmel and the Masculinity of Modernity', Journal of Classical Sociology 3, no. 1 (2001), pp. 353–70; John Jervis, 'Modernity's Sphinx: Woman as Nature and Culture', Transgressing the Modern: Explorations in the Western Experience of Otherness (Blackwell, 1999), pp. 107–33.

2. Perhaps the clearest and most explicit examples of this tendency exist in the domain of aesthetics, exemplified by Adolph Loos's 1908 essay, 'Ornament and Crime', in which he aligns the decadence and indeed deathliness of modernity firmly with feminized 'ornament'. Loos, 'Ornament and Crime', in Ornament and Crime: Selected Essays (Ariadne Press, 1997), pp. 167–76. For more on the gendered stakes of this designation, see Llewellyn Negrin, 'Ornament and the Feminine', Feminist Theory 7, no. 2 (2006), pp. 219–35.

3. An excellent recent study that traces the framing of modern degeneration as feminine can be found in Elizabeth K. Menon, Evil by Design: The Creation and Marketing of the Femme Fatale (University of Illinois Press, 2006).

4. Peter Osborne, The Politics of Time: Modernity and Avant-Garde (Verso, 1995), p. xii.

5. Tony Meyers, 'Modernity, Post-Modernity, and the Future Perfect', New Literary History 32 (2001), p. 36.

6. One significant component of the critical conversation on the entwinement of conceptions of past and present, which I do not treat here in depth but which must be noted, is the literature on nostalgia, which will be treated more fully in Chapter 4 of this volume. As Peter Fritzsche puts it in a formulation that underscores the mutuality of past and present, the dependence of the new upon the old, and indeed the construction of newness: 'nostalgia is a fundamentally modern phenomenon because it depended on the notion of historical process as the continual production of the new.' Peter Fritzsche, 'Specters of History: On Nostalgia, Exile, and Modernity', American Historical Review 106, no. 5 (2001), p. 1589.

7. In addition to Osborne, see Jürgen Habermas, The Philosophical Discourse of Modernity Cambridge (MIT Press, 1987); Reinhart Koselleck, Futures Past: On the Semantics of Historical Time, trans. Keith Tribe (Columbia University Press, 2004); Andrew Benjamin, Style and Time: Essays on the Politics of Appearance(Northeastern University Press, 2006); Susan Buck-Morss, 'Revolutionary Time: The Vanguard and the Avant-Garde', in Helga Geyer-Ryan, Paul Koopman, and Klaas Ynterna, eds., Perception and Experience in Modernity (Rodopi, 2002), pp. 211–25; Robert Smith, 'Internal Time-Consciousness of Modernism', Critical Quarterly 36, no. 3 (1994), pp. 20–9. For analyses from postcolonial studies that similarly maintain the political potential of complex relationships of past and present, see Homi Bhabha, '"Race," Time, and the Revision of Modernity', Oxford Literary Review 13,

nos. 1–2 (1991), pp. 193–219; Dilip Gaonkar, 'On Alternative Modernities',
Public Culture 11, no. 1 (1999), pp. 1–18; and Keya Ganguly, 'Temporality
and Postcolonial Critique', in Neil Lazarus, ed., The Cambridge Companion
to Postcolonial Literary Studies (Cambridge University Press, 2004), pp.
162–79.

8. See James Laver with Amy de la Haye, 'Early Europe', in Costume and
Fashion: A Concise History (Thames and Hudson, 1995), pp. 50–73; and
Christopher Breward, 'Medieval Period: Fashioning the Body', in The
Culture of Fashion (Manchester University Press, 1995), pp. 7–40.

9. Gilles Lipovetsky, The Empire of Fashion: Dressing Modern Democracy,
trans. Catherine Porter (Princeton University Press, 1994).

10. Ulrich Lehmann, Tigersprung: Fashion and Modernity (MIT Press, 2000);
Barbara Vinken, 'Eternity: A Frill on the Dress', Fashion Theory 1, no. 1
(1997), pp. 59– 67; Peter Wollen, 'The Concept of Fashion in The Arcades
Project', boundary 2 30, no. 1 (2002), pp. 131–42; Andrew Benjamin,
'The Time of Fashion: A Commentary on Thesis XIV in Walter Benjamin's
"On the Concept of History"', in Style and Time: Essays on the Politics of
Appearance (Northwestern University Press, 2006), pp. 25–38.

11. Andrew Benjamin, 'The Time of Fashion', p. 25.

12. Though the industrialization of fashion in the early nineteenth century is
generally thought to have begun with men's garments, these were military
uniforms, and not fashionable clothing for sale on the commodity market.
As industrialization advanced and capacity increased in the latter half of the
nineteenth century, it was women's garments that came to be identified
with fashion. This was due in no small part to the shift known as the Great
Masculine Renunciation, in which the dark suit came to be identified
as the dress standard for men, ostensibly leaving the changeability and
whimsy of fashion to women's clothing. Christopher Breward, in his
persuasive The Hidden Consumer: Masculinities, Fashion, and City Life

1860–1914 (Manchester University Press, 1999), has shown that men's garments were just as subject to fashion as women's. Nevertheless, the association of fashion overwhelmingly with femininity persisted. No doubt this was enabled by links between fashion's changeability and women's supposed fickleness and triviality.

13. Emily Apter, '"Women's Time" in Theory', differences 21, no. 1 (2010), p. 17.

14. Osborne, The Politics of Time, p. 5.

15. In discussing the time consciousness of the modern, I am privileging questions of the relationship between past, present and future. There is a different critical dialogue about the question of modernity's emergent historical consciousness as presuming continuity, homogeneity and uniformity. This is Benjamin's critique of historicism. This is not the focus of the present discussion, but is an impor- tant, and certainly related, critical conversation.

16. Koselleck, Futures Past, p. 14.

17. Ibid., p. 17.

18. Jürgen Habermas, 'Modernity's Consciousness of Time, and its Need for Self Reassurance', in The Philosophical Discourse of Modernity: Twelve Lectures (MIT Press, 1987), p. 6.

19. Meyers, p. 36. Robert Smith describes the anxiety in similar terms: 'Modernism is anxious about the loss of a solid objective, the loss of something behind tem- poral sequence.' Robert Smith, 'Internal Time-Consciousness', p. 26.

20. Memory became troubling in the nineteenth century—this is the argument of Richard Terdiman's important work, Present Past: Modernity and the Memory Crisis (Cornell University Press, 1993). He explores what he calls

modernity' s 'massive disruption of traditional forms of memory' (p. 5), and traces it to the way that memory insists on the presence of the past. For more on the status of memory in modernity, see Genevieve Lloyd, 'The Past: Loss or Eternal Return?' in Being in Time: Selves and Narrators in Literature and Philosophy (Routledge, 1993), pp. 65–82. Psychoanalysis, a thoroughly modern invention, imagines memory to be troubling. Indeed,its repression is foundational to the development of the subject.

21.Osborne, The Politics of Time, p. 115.

22.Christina Crosby, The Ends of History: Victorians and 'the Woman Question' (Routledge, 1991), p. 5.

23.Ibid., p. 2.

24.Ibid., pp. 146–8.

25.Valerie Bryson, 'Time' , in Georgina Blakely and Valerie Bryson, eds., The Impact of Feminism on Political Concepts and Debates (Manchester University Press, 2007), p. 161.

26.Felski, 'The Prehistoric Woman' , in The Gender of Modernity (Harvard University Press, 1995), pp. 35–60; Johannes Fabian, Time and the Other: How Anthropology Makes its Object (Columbia University Press, 1983); also see Gaonkar, 'On Alternative Modernities' .

27.For a good discussion of the relationship between conceptions of rationality and time, see Genevieve Lloyd, 'The Public and the Private' , in The Man of Reason: 'Male' and 'Female' in Western Philosophy, 2nd edn. (Routledge, 2003), pp. 75–86.

28.Nancy L. Green, Ready-to-Wear and Ready-to-Work: A Century of Industry and Im- migrants in Paris and New York (Duke University Press, 1997).

29.Joanne Entwistle, The Fashioned Body: Fashion, Dress, and Modern Social

Theory (Policy Press, 2000), p. 105.

30.Charles Baudelaire, 'The Painter of Modern Life', in Jonathan Mayne, trans., The Painter of Modern Life and Other Essays (Phaidon, 1965).

31.The chemise dress was the most radical of postrevolutionary styles for women. However, its simple silhouette was common for all fashionable dresses of the late 1790s and first years of the 1800s—even in formal garments such as ball gowns, which were made of more luxurious fabrics, worn with Directoire-styled coats and accessorized with other garments. See Laver, Costume and Fashion, pp. 148–53. See Valerie Steele, Paris Fashion: A Cultural History (Berg, 1998), pp. 48–51, for a discussion of stereotypes of Directoire fashion.

32.See Poiret's description of his introduction of the line in his first and most important work of autobiography, King of Fashion, trans. Stephen Haden Guest (1930; reprint, V&A Publications, 2009), p. 36.

33.Breward, The Culture of Fashion, p. 154. Breward locates the inspiration in the elaborate styles of the 1760s.

34.As Herbert Blau notes, 'the apparent logic of fashion, its undifferentiated monomania, is something of an illusion...[since] alterations in the significant features of dress, line, cut, contour, articulating the body, are still likely to take some time before inhabiting the fashion scene.' Nothing in Itself: Complexions of Fashion (Indiana University Press, 1999), p. 89.

35.Benjamin saw fashion as a primary example of eternal recurrence as a condition of industrial capitalism; as a revolutionary historical materialist, he thus associated fashion with petrifaction and death. Benjamin was influenced by the arguments of nineteenth-century Parisian revolutionary Louis-Auguste Blanqui in L'Eternité par les astres.

36.Caroline Evans, Fashion at the Edge: Spectacle, Modernity, Deathliness

(University Press, 2003), p. 9.

37. For more on the question of fashion as a challenge to essentialized feminine identities, see Pamela Church Gibson, 'Redressing the Balance: Patriarchy, Postmodernism, and Feminism', in Pamela Church Gibson and Stella Bruzzi, eds., Fashion Cultures: Theories, Explorations, and Analysis (Routledge, 2001), pp. 349–62. Also on this point, see my 'Building a Feminist Theory of Fashion: Karen Barad's Agential Realism', Australian Feminist Studies 23, no. 58 (2008), pp. 501–15.

38. Mary Louise Roberts, 'Samson and Delilah Revisited: The Politics of Women's Fashion in 1920s France', American Historical Review 98, no. 6 (1993), p. 678.

39. Felski, 'Telling Time', p. 26. For a discussion of repetitive time and everyday life, also see her 'The Invention of Everyday Life'.

40. Felski, 'The Invention of Everyday Life', p. 83.

41. Ibid., p. 85.

42. Evans, Fashion at the Edge, pp. 306–7.

43. For more on this question of women as reminders of other temporalities in the new, see Christine Buci-Glucksmann, 'Catastrophic Utopia: The Feminine as Al- legory of the Modern', Representations 14 (1986), pp. 220–9.

44. Evans, 'Jean Patou's American Mannequins: Early Fashion Shows and Modernism', Modernism/Modernity 15, no. 2 (2008), p. 260.

45. Martin Pumphrey, 'The Flapper, the Housewife, and the Making of Modernity', Cultural Studies 1, no. 2 (1987), p. 185.

46. Liz Conor, The Spectacular Modern Woman: Feminine Visibility in the 1920s (Indiana University Press, 2004).

47. Peter Stallybrass, 'Clothes, Mourning, and the Life of Things', Yale Review 81, no. 2 (1993), p. 35.

48. Ibid., p. 36.

49. Representative works include Anne Rosalind Jones and Peter Stallybrass, Renaissance Clothing and the Materials of Memory (Cambridge University Press, 2000); Justine Picardie, My Mother's Wedding Dress (Bloomsbury, 2005); and Marius Kwint, Christopher Breward and Jeremy Aynsley, eds., Material Memories: Design and Evocation (Berg, 1999). Consider, too, the encounters that are said, in that quintessentially modern form, Freudian psychoanalysis, to form the building blocks of (gendered) subjectivity: the theory of fetishism, for instance, turns on a material memory of clothing, whereby the (male) child's desire for his mother is metaphorized into a garment associated with her.

50. This is similar to the reading of modernity proposed by Christine Buci-Glucksmann in Baroque Reason:TheAesthetics of Modernity, trans. Patrick Camiller (Sage,1994), in which she portrays femininity as modernity's forever-haunting counter-figure.

51. Lipovetsky, The Empire of Fashion, p. 4.

52. Ibid., p.149.

53. Christine Buci-Glucksmann, Esthétique de l'éphémère (Galilée, 2003), p. 25.

54. Ibid., p. 15.

55. Ibid., p. 24.

56. Ibid., p. 44.

57. Elsa Schiaparelli, Shocking Life (1954; reprint, V&A Publications, 2007), p. 42.

Poiret, Dior and Schiaparelli

58. See Chapter Four of this volume for a detailed discussion of Dior' s peculiar and feminized version of the ephemeral.

59. Pierre Bourdieu with Yvette Delsaut, 'Le couturier et sa griffe: contribution à une théorie de la magie' , Actes de la recherche en sciences sociales 1, no. 1 (1975), p. 17. 'Le couturier participe d' un art occupant un rang inferieur dans la hiérar- chie de la légitimité artistique et il ne peut pas ne pas prendre en compte dans sa pratique l' image sociale de l' avenir de son produit.'

60. Pierre Bourdieu, 'Haute Couture and Haute Culture' , in Richard Nice, trans., Sociology in Question (Sage, 1993), p. 136.

61. Pierre Bourdieu 'But Who Created the Creators?' in Richard Nice, trans., Sociology in Question (Sage, 1993), p. 146.

62. Bourdieu with Delsaut, 'Le couturier et sa griffe' , p. 15. 'Discréditer les principes de production et d' évaluation anciens en faisant apparaître un style qui devait une part de son autorité et de son prestige a son ancienneté ("maison de tradi- tion" , "maison en…" , etc.) comme démodé, hors d' usage, dépassé.'

63. 'Fashion Becomes News' , New York Woman 1, no. 1 (1936), p. 27.

64. Pierre Bourdieu, 'The Production of Belief: Contribution to an Economy of Sym- bolic Goods' ,in Richard Nice, trans.,Media,Culture,and Society 2 (1980), p. 289.

65. Bourdieu, 'Haute Couture and Haute Culture' , p. 137.

66. Ibid., p.136.

67. Norbert Hillaire, 'Fashion and Modernity in the Light of Modern and Contempo- rary Art' , Institut français de la mode Research Report no. 9 (2008), p. 8.

68.Caroline Evans and Minna Thornton, 'Fashion, Representation, Femininity', Feminist Review 38 (1991), p. 48.

第二章: 保罗·波烈: 设计大师的两难——经典与创新

1. Jill Fields notes that '[w]omen in the United States did not toss away their cor- sets en masse after Poiret's introduction of dresses designed to be worn with- out corsets. Achieving the fashionable line actually still required most women to be corseted.' Jill Fields, '"Fighting the Corsetless Evil" : Shaping Corsets and Culture, 1900–1930', in Philip Scranton, ed., Beauty and Business: Commerce, Gender and Culture in Modern America (Routledge, 2001), p. 113.

2. Cheryl Buckley and Hilary Fawcett, Fashioning the Feminine: Representation and Women's Fashion from the Fin de Siècle to the Present (I. B. Tauris, 2002), p. 55.

3. Harold Koda and Andrew Bolton, 'Preface: The Prophet of Simplicity', in Harold Koda and Andrew Bolton, eds., Poiret (Metropolitan Museum of Art, 2007), p. 13.

4. Paul Poiret, 107 Recettes Curiosités Culinaires (Henri Jonquieres et Compagnie, 1928).

5. 'Poiret: Une silhouette parisienne', Le miroir des modes (June 1912), p. 242.

6. 'Etude photographique exécutée pour Vogue par le Baron de Meyer lors de sa récente visite a Paris', Vogue (Paris) 1, no. 12 (1 December 1923). 'La Parisi- enne ne peut pas ne pas aimer Poiret; elle sent en lui un des prêtres les plus convaincus de culte que l'on doit rendre à son corps.'

7. Paul Fuchs, 'Dans le royaume de la mode' , Le Crapouillot (1 April 1921), pp. 5–6.

8. 'Le roi de la mode parle' , Le Progrès d' Athènes (18 June 1925), n.p.

9. Paul Poiret, 'The Beauties of my Day' , Harper' s Bazaar (15 September 1938), p. 80.

10. Paul Poiret, King of Fashion, trans. Stephen Haden Guest (1930; reprint, V&A Publications, 2009), p. 138.

11. Pierre Bourdieu, 'The Production of Belief: Contribution to an Economy of Symbolic Goods' ,in Richard Nice , trans.,Media,Culture and Society 2 (1980),p. 267.

12. Ibid., p. 289. Italics in original.

13. Ibid., p. 290.

14. This is essentially a failure to account for the power—or agency—of the con- sumer of fashion, a tendency which is examined in Agnès Rocamora, 'Fields of Fashion: Critical Insights into Bourdieu' s Sociology of Culture' , Journal of Consumer Culture 2, no. 3 (2002), pp. 341–62.

15. Herbert Blumer offered an initial repudiation of the top-down model of fashion diffusion in 1969, in 'From Class Differentiation to Collective Selection' , The Sociological Quarterly 10, no. 3 (1969), pp. 275–91. This perspective really took off through work in Cultural Studies, though, with Dick Hebdige' s Subculture: The Meaning of Style (Methuen, 1979). See also Malcolm Barnard, 'Fashion, Clothing, and Social Revolution' , in Fashion as Communication (Routledge, 2002), pp. 127–54; Angela Partington, 'Popular Fashion and Working-Class Affluence' , in Juliet Ash and Elizabeth Wilson, eds., Chic Thrills: A Fashion Reader (Pandora, 1992), pp. 145–61.

16. Of course, Gabrielle (Coco) Chanel' s work is also singled out for blame in

this re- gard. But Poiret sees women consumers' predilections as equally, if not more, culpable. See, for example, Paul Poiret, Revenez-y (Gallimard, 1932), pp. 100–9; F.-A. Castellant, 'La mode est-elle en danger?' L' Art et la Mode (11 June 1927), p. 824; and Paul Poiret, 'The Beauties of my Day, Harper' s Bazaar (15 September 1938).

17. Pierre Bourdieu with Yvette Delsaut, 'Le couturier et sa griffe: Contribution à une théorie de la magie' , Actes de la recherche en sciences sociales 1, no. 1 (1975), p. 15. Italics mine. '"Faire la mode" ce n' est pas seulement démoder la mode de l' année précédente, c' est démoder les produits de ceux qui faisaient la mode l' année précédente, donc les déposséder de leur autorité sur la mode. Les stratégies des nouveaux venus. . . tendent à rejeter vers le passé les plus anciens.'

18. See Efrat Tseëlon, 'From Fashion to Masquerade: Toward an Ungendered Para- digm' , in Joanne Entwistle and Elizabeth Wilson, eds., Body Dressing (Berg, 2001), pp. 103–20; Catherine Constable, 'Making up the Truth: On Lies, Lip- stick, and Friedrich Nietzsche' , in Stella Bruzzi and Pamela Church Gibson, eds., Fashion Cultures: Theories, Explorations, and Analysis (Routledge, 2000), pp. 191–200.

19. Susan Kaiser, 'Minding Appearances: Style, Truth, and Subjectivity' , in Entwistle and Wilson, eds., Body Dressing (Berg, 2001), p. 89.

20. Jacques Derrida and Maurizio Ferraris, A Taste for the Secret (Polity Press, 2001), p. 31.

21. John Jervis, Transgressing the Modern: Explorations in the Western Experience of Otherness (Blackwell, 1999), p. 126.

22. Jeremy Gilbert, 'Public Secrets: Being-With in an Age of Perpetual Disclosure' , Cultural Studies 21, no. 1 (2007), p. 26.

23. Luise White, 'Telling More: Secrets, Lies, and History' , History and Theory

Poiret, Dior and Schiaparelli

39 (2000), p. 22

24.Ibid.

25.Jack Bratich describes and theorizes the condition of 'spectacular secrecy' in 'Popular Secrecy and Occultural Studies', Cultural Studies 21, no. 1 (2007), pp. 42–58.

26.Donna Haraway, 'Situated Knowledges: The Science Question in Feminism and the Privilege of Partial Perspective', in Simians, Cyborgs, and Women: The Reinvention of Nature (Routledge, 1991), p. 190.

27.Lorraine Code, 'Is the Sex of the Knower Epistemologically Significant?' in What Can She Know? Feminist Theory and the Construction of Knowledge (Cornell Uni- versity Press, 1991), p. 5.

28.Ellen Bayuk Rosenman, 'Fear of Fashion, or, How the Coquette Got Her Bad Name', in Ilya Parkins and Elizabeth M. Sheehan, eds., Cultures of Femininity in Modern Fashion (University Press of New England, 2011), pp. 89–102.

29.Lorraine Code, 'Gossip, or In Praise of Chaos', in Rhetorical Spaces: Essays on Gendered Locations (Routledge, 1995), p. 146.

30.Poiret, King of Fashion, p. 8.

31.It is unclear which tour these lectures derive from. On one hand, the chapter 'My Lectures to the Americans' follows rather organically from a chapter describing in detail Poiret's first trip to the United States in 1913, and the reader is invited to assume that these lectures were indeed given during that autumn tour. But at least one lecture makes reference to the postwar era, and the lectures share thematic features with other writings from Poiret's late career. It is thus probable that they were given on his autumn 1927 lecture tour.

32. Poiret, King of Fashion, p. 160.

33. Ibid., p. 154.

34. Ibid., p. 156.

35. See Evelyn Fox Keller, Secrets of Life, Secrets of Death (Routledge, 1992); Carolyn Merchant, The Death of Nature: Women, Ecology, and the Scientific Revolution (Harper & Row, 1980); Monica H. Green, 'From "Diseases of Women" to "Se- crets of Women" : The Transformation of Gynecological Literature in the Later Middle Ages' , Journal of Medieval and Early Modern Studies 30, no. 1 (2000), pp. 5–40.

36. Green, 'From "Diseases of Women"' , p. 7.

37. Clare Birchall, 'Cultural Studies Confidential' , Cultural Studies 21, no. 1 (2007), p. 15.

38. Keller, Secrets of Life, p. 41.

39. Poiret, King of Fashion, p. 160.

40. Ibid., p. 158.

41. Ibid., p. 157.

42. Fuchs, 'Dans le royaume de la mode' .

43. Poiret, Revenez-y, pp. 103–4. 'Dompteur faisant claquer son fouet a tout instant pour tenir en haleine et en respect ces fauves, panthères câlines, mais sour- noises, toujours prêtes a bondir pour faire du maitre une proie.'

44. Poiret, King of Fashion, p. 39.

45. Ibid.

46. Caroline Evans, 'Denise Poiret: Muse or Mannequin' , in Harold Koda and

Andrew Bolton, eds., Poiret (Metropolitan Museum of Art, 2007), p. 27.

47. Poiret, King of Fashion, p. 100.

48. 'Poiret: Une silhouette Parisienne', p. 242: '[P]lus on maitrise le passé, plus on a puissance pour dompter l'avenir.'

49. Poiret, King of Fashion, p. 36.

50. Ibid., p. 2.

51. Ibid., p. 5.

52. Ibid., p. 14.

53. Ibid.

54. Ibid., p. 15.

55. Moreover, as Bourdieu has shown in his work on fashion—and on culture more generally—the valuation of stylistic 'revolution' is not opposed to the bourgeoi- sie; it is intrinsic to the development of bourgeois culture. In the field of fashion, the bourgeoisie and the revolutionaries—which correspond well to the politi- cal distinction between right and left, and the Parisian Right Bank and Left Bank—occupy the same field, with revolutionaries ultimately playing the game according to the rules and bourgeoisie acceding happily to 'revolution'. '[T]he left-bank couturiers have strategies that aim to overthrow the very principles of the game—but always in the name of the game, the spirit of the game.' Pierre Bourdieu, 'Haute Couture and Haute Culture', in Richard Nice, trans., Sociology in Question (Sage, 1997), p. 134.

56. Poiret does, as do many contemporary theorists of fashion, define fashion as change: 'la mode, par définition c'est le changement.' 'La Mode', La Voix professionnelle (January 1923), n.p.

57. Poiret, King of Fashion, p. 138.

58. Le Petit Parisien (13 March 1923). 'Comme les évolutions de la nature, les transitions de la mode se font suivant une ligne continue, et non par bonds. Hier contient aujourd' hui, qui annonce demain.' 'Pourquoi les accessoires de la mode souffrent-ils d' une crise?'

59. Elizabeth Grosz, Nick of Time: Politics, Evolution, and the Untimely (Duke Uni- versity Press, 2004); 'Thinking the New' , in Elizabeth Grosz, ed., Becomings: Explorations in Time, Memory, and Futures(Cornell University Press, 1999); and 'Darwin and Feminism: Preliminary Investigations for a Possible Alliance' , in Stacy Alaimo and Susan Hekman, eds., Material Feminisms (Indiana University Press, 2008).

60. Poiret, King of Fashion, p. 138.

61. Ibid., p. 158.

62. 'Poiret Insists on the Jupe Culotte' , New York Times (15 March 1914).

63. Rose Lee, 'A King of Fashion Speaks from his St. Helena', New York Times (10 May 1931).

64. Paul Poiret, 'Quelques considérations sur la mode' , Le Figaro (2 July 1924). 'Le couturier d' avant-garde—et je n' ai pas besoin de dire que c' est mon cas—doit avoir l' esprit bien trempé, les yeux vifs et le poing solide. Il doit être tenace et clairvoyant.'

65. 'Poiret: Une Silhouette parisienne' , p. 242. '[L]es endroits comme Trouville, Bi- arritz, Baden ne m' amusent pas, mes distractions sont d' un ordre plus élevé. Volontiers, je dirige mes pas vers les pays ou l' Art trouve sa plus haute expres- sion; c' est de l' antiquité que je m' inspire.'

66. Al. Terego, 'Les Opinions de Monsieur Pétrone' , La Grande Revue (10 May 1910), pp. 157–8. 'Elle le sait par intuition, par atavisme, sans doute. Son

grand-mère faisait des cocardes pendant la Révolution, et c'est son grand-père qui a décoré de fleurs et d'oiseaux bleus les jolis pots de pharmacie. D'ailleurs, tous ses aïeux, depuis des siècles . . . ont exercé leur activité dans des indus- tries dont les productions...témoignent d'une adresse subtile et d'un sens ar- tistique sans cesse perfectionné à travers les générations.'

67. Paul Poiret, 'The Beauties of my Day', p. 80.

68. Ibid., p. 81.

69. Ibid., p. 106.

70. Ibid., p. 80.

71. Peter Fritzsche, 'Specters of History: On Nostalgia, Exile, and Modernity', Ameri- can Historical Review 106, no. 5 (2001), p. 1592.

72. Poiret, 'The Beauties of my Day', p. 106.

73. Paul Poiret, 'Paris, sans nuits, s'ennuie', Paris-Soir (14 July 1932). '[L]a tour- nure rendait les femmes charmantes parce qu'elle constituait un défi du bon sens, une affirmation de leur indépendance et de leur dédain des choses logiques.'

74. Genevieve Lloyd, 'Reason and Progress', in The Man of Reason: 'Male' and 'Female' in Western Philosophy, 2nd edn (Routledge, 2002), pp. 58–74.

75. Ibid., p. 58.

76. Poiret, Revenez-y, pp. 96–7. '[J]e les vois tous les deux armés d'un optique spéciale, habiles à adapter pour une clientèle moyenne et les diffuser dans di- verses couches de la société. [Cela] leur refuse l'accès au titre de couturier et de créateur.'

77. See, for example, Terego, 'Les Opinions de Monsieur Petrone'.

78. Ibid.

79. 'Our Girls Puritans, is M. Poiret's Idea', New York Times (14 October 1913).

80. 'New York Has no Laughter and no Young Girls', New York Times (19 October 1913).

81. 'Paul Poiret Here to Tell of his Art', New York Times (21 September 1913). I elab- orate upon Poiret's—and Schiaparelli's—geographies of fashionability across the United States and France in 'Early Twentieth-Century Fashion Designer Life Writing' ,CLCWeb: Comparative Literature and Culture 13, no. 1 (2011),pp. 1–10.

82. Troy, Couture Culture, p. 322.

83. Ibid., p. 323.

84. Paul Poiret, 'Comment se lance une mode—Ce qui Nous dit M. Paul Poiret', En Attendant (February 1923), n.p. '[A]ujourd' hui, la démocratie a pris nettement l'avantage. Etant la majorité, c'est elle qui impose ses tendances. La femme du monde a, en quelque sorte, peur d'innover. Elle se laisse conduite.'

85. Castellant, 'La mode est-elle en danger?' p. 824.

86. Poiret expresses a very real sense that a top-down model of fashion diffusion— one that preserved hierarchies, diffusing fashion from the designer down through the elite and finally to the masses—has given way to a bottom-up model, whereby the masses determine fashion. 'In the past, in the Second Empire, for instance, the light came down from on high: elegance. Fashions were launched by Empress Eugenie, or, for men, the Prince of Sagan. The aristocracy of both sexes hurried to adopt the style of a dress, the cut of a jacket or the shape of a tie. These days, it happens the other way around. The movement is from bottom to top.' Poiret, 'Comment

se lance une mode', n.p. 'Autrefois, sous le second empire, par exemple, c' était d' en haut que venait la lumière, et l' occurrence: l' élégance. La mode, c' était lancée par l' Impératrice Eugénie ou, pour les hommes, par le prince de Sagan. L' aristocratie des deux sexes s' empressait aussitôt d' adopter le modèle d' une robe, la coupe d' une jaquette ou la forme d' une cravate.'

87. Harvie Ferguson, Modernity and Subjectivity: Body, Soul, and Spirit (University Press of Virginia, 2000), p. 40.

88. Art et Phynance (Lutetia, 1934) is a highly detailed and vengeful narrative of Poiret' s dealings with the business interests who bankrupted him.

89. Consider the fusion of the figures of 'woman' and 'commodity' in industrial mo- dernity, as exposed by Abigail Solomon-Godeau in 'The Other Side of Venus' . Caroline Evans brilliantly shows how standardization is embodied in feminine terms through the figure of the 'mannequin' — the live model—in the 1910s and 1920s. See Caroline Evans, 'Multiple, Movement, Model, Mode: The Fashion Parade 1900–1929' , in Christopher Breward and Caroline Evans, eds., Fashion and Modernity (Berg, 2005); and Caroline Evans, 'Jean Patou' s American Man- nequins: Early Fashion Shows and Modernism' , Modernism/Modernity 15, no. 2 (2008), pp. 243–63.

90. Troy, Couture Culture, p. 304. The words 'artist and innovator' are taken from a publicity brochure released by Poiret' s house in 1917.

91. See 'Ex-Fashion Dictator Now Drawing the Dole' , The Glasgow Record (13 Au- gust 1934); 'Poiret' s New Start: Fashion Leader Saved from Dole' , Daily Sketch (London) (16 August 1934); 'Paul Poiret, chômeur', L' Ordre (17 August 1934); 'Une conversation avec un chômeur de marque' , La Revue (Lausanne) (2 Janu- ary 1935).

92. 'Paul Poiret Dies; Dress Designer, 64' , New York Times (3 May 1944).

93.Penelope Deutscher, Yielding Gender: Feminism, Deconstruction, and the History of Philosophy (Routledge, 1997), p. 7.

第三章: 艾尔莎·夏帕瑞丽: 魅力、隐私和永恒

1. 'Haute Couture', Time (13 August 1934), p. 50.

2. Elsa Schiaparelli, Shocking Life (1954; reprint, V&A Publications, 2007), p. vii.

3. For a thorough discussion of Schiaparelli as a split subject, see Caroline Evans, 'Masks, Mirrors and Mannequins: Elsa Schiaparelli and the Decentered Subject', Fashion Theory 3, no. 1 (1999), pp. 3–32.

4. See the description of the classic subject of autobiography in Sidonie Smith, 'The Universal Subject, Female Embodiment, and the Consolidation of Autobiography', in Subjectivity, Identity, and the Body: Women's Autobiographical Practice in the Twentieth Century (Indiana University Press, 1993), pp. 1–23.

5. Schiaparelli, Shocking Life, p. 42.

6. Schiaparelli recalls feelings after a surgery near the end of her career: 'though I was in every way physically well, I lived in much closer contact with the beyond' (ibid., p. 203). In an earlier section, she states: 'the only real sin is what one does against the divine side of oneself—what is usually called the soul' (p. 11).

7. Christian Lacroix, 'Schiaparelli vue par Christian Lacroix: une mode "décapante"', Le Monde (28–29 March 2004). 'Mais lorsque, enfant ou adolescent, dans les années 1960, j'ai découvert son style dans les vieilles revues de l'époque trouvées dans ma famille ou aux Puces, le choc de tant de modernité était vraiment "décapant."' Elle est aujourd'hui.

8. Of course, for Lacroix to declare in 2004 that 'she is today', he in a sense

Poiret, Dior and Schiaparelli

imag- ines that she transcends time, transcends the end of her fashion career in 1954 and her death in 1974, to be present in the millennium. She remains a mobile subject, able to travel across time by way, paradoxically, of her continued exis- tence in a timeless (spiritual) realm.

9. 'Schiaparelli', Harper's Bazaar (April 1932), n.p.

10. Schiaparelli, Shocking Life, p. 41.

11. Ibid., p. 42.

12. Ibid.

13. Carol S. Gould, 'Glamour as an Aesthetic Property of Persons', Journal of Aesthetics and Art Criticism 63, no. 3 (2005), p. 238. The associations of glamour with magic are also noted in Elizabeth Wilson, 'A Note on Glamour', Fashion Theory 11, no. 1 (2007), pp. 95–6; and its particular evocation of magical transformation is discussed in Judith Brown, Glamour in Six Dimensions: Modernism and the Radiance of Form (Cornell University Press, 2009), p. 10.

14. Wilson, 'A Note on Glamour', p. 100.

15. Virginia Postrel in Joseph Rosa, ed., Glamour: Fashion + Industrial Design + Architecture (Yale University Press, 2004), cited in Wilson, 'A Note on Glamour', p. 100.

16. Wilson, 'A Note on Glamour', p. 100.

17. Brown, Glamour, pp. 4–5.

18. Stephen Gundle, 'Mapping the Origins of Glamour: Giovanni Boldini, Paris, and the Belle Époque', Journal of European Studies 29 (1999), p. 270.

19. Wilson, 'A Note on Glamour', pp. 96–7.

20. The work that is invariably invoked in the glamour literature to make this

case is Georg Simmel's 'The Metropolis and Modern Life', in David Frisby and Mike Featherstone, eds., Simmel on Culture (Sage, 1997), pp. 174–85.

21. That being said, in Glamour in Six Dimensions, Judith Brown makes an elegant case for the existence of forms of glamour that are masculinized or, ultimately, ungendered. But certainly the everyday grammar of glamour as it was mediated in popular culture was borne by women, and this was particularly the case in its connections with fashion.

22. Gundle, 'Mapping the Origins of Glamour', p. 270.

23. Brown, Glamour, p. 1.

24. In this sense, glamour strongly resembles the character of fashion, its ability to bring together the eternal and the transitory. Christine Buci-Glucksmann ac- counts for the relevance and potential of this ghosting of modernity for women in 'Catastrophic Utopia: The Feminine as Allegory of the Modern', Representations 14 (Spring 1986), pp. 220–9.

25. Joshua Gamson notes that the careful balancing of the ordinary and the extra- ordinary is one of the hallmarks of modern celebrity, in Claims to Fame: Celebrity in Contemporary America (University of California Press, 1994), p. 31.

26. Brown, Glamour, p. 101.

27. On glamour and the intellect, see Colbey Emmerson Reid, 'Glamour and the "Fashionable Mind"', Soundings 89, nos. 3–4 (2006), pp. 301–19.

28. Gould, 'Glamour as an Aesthetic Quality', p. 243.

29. Jane Gaines provides a helpful discussion of the historical emergence of an ideology of correspondence between costume and personality, in 'Costume and Narrative: How Dress Tells the Woman's Story', in Jane Gaines and Charlotte Herzog, eds., Fabrications: Costume and the Female Body

(Routledge, 1990).

30.Georg Simmel, 'Adornment' and 'The Philosophy of Fashion' , in Frisby and Feath- erstone, eds., Simmel on Culture, pp. 206–10 and pp. 187–205. In 'Notes on Glamour' , cited above, Elizabeth Wilson makes a passing reference to the con- nection between glamour and Simmel' s theory of fashion, p. 98.

31.Evans, 'Masks, Mirrors and Mannequins' , pp. 4–5.

32.Of course, the professed difference between a public and private self has been revealed as a hallmark of celebrity self-narration, necessary for the viewer' s sense that an authentic self rests behind the public persona. See my discus- sion in the Introduction.

33.Schiaparelli, Shocking Life, p. vii.

34.Janet Flanner, 'Profiles: Comet' , New Yorker (18 June 1932), p. 20.

35.Robyn Gibson, 'Schiaparelli, Surrealism, and the Desk Suit', Dress 30 (2003), p. 51.

36.Evans, 'Masks, Mirrors, and Mannequins' , p. 14.

37.Schiaparelli, Shocking Life, p. 187.

38.Commentators frequently note that one of the innovations that Schiaparelli rep- resents is her comfortable positioning at the centre of the elite she clothed. As Palmer White puts it, 'the first generation couturiers, from 1860 to 1930, were considered by the beau monde whom they clothed to be tradespeople.' Palmer White, Elsa Schiaparelli: Empress of Paris Fashion (Aurum Press, 1996), p. 91. No longer was there a distinction between the couturier as a worker, and the wealthy and prominent clientele. Though Jacques Doucet and certainly Poiret first began to aspire to the society for whom they worked, Schiaparelli was the first to fully and unproblematically integrate these two worlds. Billy Boy suggests that Poiret became a caricature in his attempts to become part of this world. See Guillaume Garnier, 'Schiaparelli vue par', in Hommage à Schiaparelli (Ville de Paris, Musée de la mode et du costume, 1984), p. 78. Evans discusses this fusion of the world of fashion and the elite in a section called 'Parties', in 'Masks, Mirrors and Mannequins', pp. 25–7.

39. The hat is described in Shocking Life, p. 68.

40. Ibid., p. 49.

41. 'She was the most enthusiastic and convincing model of her own creations.' Garnier, ' Schiaparelli vue par', p. 76. 'Elsa Schiaparelli est elle-même le manne- quin le plus enthousiaste et le plus convaincant de ses propres créations.' As Palmer White notes, 'she was to be seen everywhere, and she sold her clothes by wearing them in public.' White, Elsa Schiaparelli, p. 91.

42. Garnier, 'Schiaparelli vue par', pp. 81–2. 'Elle a su pondérer, dans l' ensemble, la juste proportion de bizarrerie que comportait son image publique.'

43. Chanel also fashioned herself as an emblem of her brand. See Valerie Steele, 'Chanel in Context', in Juliet Ash and Elizabeth Wilson, eds., Chic Thrills: A Fashion Reader (University of California Press, 1992), pp. 118–26.

44. 'Entretien avec Gladys C. Fabre', in Hommage à Schiaparelli, p. 140. Interviewer: 'On pourrait dire que ce qui comptait, pour Schiaparelli, c' était le cadre de la vie dans son ensemble.' Gladys C. Fabre: 'C' est bien ca. Le jardin ratissé, soigné à l' extérieur, était aussi important que les tableaux et les meubles à l' intérieur. L' ensemble racontait les vertus, les passions et les partis-pris de la dame du lieu.'

45. Kathleen M. Helal, 'Celebrity, Femininity, Lingerie: Dorothy Parker' s

Autobio- graphical Monologues', Women's Studies 33, no. 1 (2004), pp. 97–8.

46.These are indeed the terms by which Schiaparelli explains her decision to retire from her business; she suggests that the couture house 'by now owned and claimed me too tyrannically.' Shocking Life, p. 207.

47.Schiaparelli, Shocking Life, p. viii.

48.Ibid., pp. 12, 18.

49.Ibid., p. 155.

50.Flanner, 'Profiles: Comet', p. 23.

51. 'Haute Couture', p. 50.

52.Schiaparelli, Shocking Life, p. 67.

53.After the First World War and in the context of the myth of the depopulation of the country in the war, France was obsessed with rebuilding its 'national stock' through women. Pro-natalist propaganda which exhorted women to give birth to many children, but only in the context of marriage, was a major feature of the ideological and political landscape.

54.One may exist privately, of course, but none is publicly available or known even to the most authoritative researchers.

55.Schiaparelli, Shocking Life, p. 51.

56.Ibid., pp. 3, 110.

57.Ibid., p. 22.

58.For a useful discussion of silence as a form of communication, see Cheryl Glenn, Unspoken: The Rhetoric of Silence (Southern Illinois University Press, 2004), especially 'Defining Silence', pp. 2–19.

59. Efrat Tseëlon, 'From Fashion to Masquerade: Toward an Ungendered Paradigm', in Joanne Entwistle and Elizabeth Wilson, eds., Body Dressing (Berg, 2001), pp. 103–20.

60. Schiaparelli, Shocking Life, p. 55.

61. Ibid., p. 3

62. 'The Paris Dress Parade: As seen by a man', Vogue (London) (14 September 1932), p. 33.

63. Dorothy Brassington, 'Noted Designer's Sparkling Styles', Seattle Post-Intelligencer (21 February 1935).

64. 'Schiaparelli Sees Paris Style Mecca', New York Times (11 December 1940).

65. Schiaparelli, Shocking Life, p. 41.

66. Ibid., p. 192.

67. Ibid., p. 182.

68. Ibid., p. 147.

69. Ibid., p. 148.

70. Ibid., p. 207.

71. In his classic essay, Huyssen argues that high cultural modernists figured mass culture as feminine and engaged in a spirited defence of an implicitly masculinized high culture. Andreas Huyssen, 'Mass Culture as Woman: Modernism's Other', in After the Great Divide: Modernism, Mass Culture, Postmodernism (Indiana University Press, 1986), pp. 44–63. For a related argument, see Ann Douglas, Terrible Honesty: Mongrel Manhattan in the 1920s (Farrar, Straus and Giroux, 1996), in which she argues that the modernist impulse is 'matricidal' in response to the feminized culture of the nineteenth century.

72.Schiaparelli, Shocking Life, p. 129.

73.Ibid., p. 159.

74. 'Schiaparelli on Shopping Trip', Lowell Sun (Massachusetts) (4 January 1937).

75.Schiaparelli, Shocking Life, p. 26.

76.Ibid., p. 206.

77.Interview with Charles Collingwood, Person to Person (CBS) (18 March 1960).

78.On serialization and interchangeability of women in the fashion industry, see Caroline Evans's work on models in 'Multiple, Movement, Model, Mode: The Mannequin Parade 1900–1929', in Christopher Breward and Caroline Evans, eds., Fashion and Modernity (Berg, 2005), pp. 125–46; and 'Jean Patou's American Mannequins: Early Fashion Shows and Modernism', Modernism/Modernity 15, no. 2 (2008), pp. 242–63.

79. 'There is Only One Schiaparelli', Women's Wear Daily (26 May 1933), p. 4.

80.Schiaparelli, Shocking Life, p. 55.

81.Ibid., p. 104.

82.Mary Louise Roberts outlines the way that fashion materialized a changing gen- der order for women, arguing that '[t]he fantasy of liberation [that new fashions created] then became a cultural reality in itself that was not without impor- tance'. 'Samson and Delilah Revisited: The Politics of Women's Fashion in 1920s France', American Historical Review 98, no. 3 (1993), p. 682.

83.Schiaparelli, Shocking Life, pp. 158–9.

84.Ibid., p. 159.

85. Direct response to war does not necessarily mean sobriety. As Schiaparelli notes, and as the popularity of Dior's creations attest, the aftermath of this World War brought with it a certain stylistic levity.

86. Schiaparelli, Shocking Life, p. vii.

87. Ibid., p. 198.

88. Burton Pike, 'Time in Autobiography', Comparative Literature 28, no. 4 (1976), p. 333.

89. Ibid., p. 335.

90. Schiaparelli, Shocking Life, p. 12.

91. Ibid., p. 55.

92. For more on the emergence of a concept of lifestyle in women's lives, see Martin Pumphrey, 'The Flapper, the Housewife, and the Making of Modernity', Cultural Studies 1, no. 2 (1987), pp. 179–94.

93. Schiaparelli, Shocking Life, p. 9.

94. For example, she is critical of the way that in America, 'the commercial sense would take advantage of death' (ibid., p. 57). Schiaparelli is also careful to note that '[u]nlike many women I have never received any important gifts of jewels, money, or material possessions' (p. 179).

95. 'The Case of "Hair Up Versus Hair Down" is Reopened in Paris', Women's Wear Daily (11 February 1938).

96. Schiaparelli, Shocking Life, p. 209.

97. Ibid.

第四章: 克里斯汀·迪奥: 怀旧与女性美的经济

1. Christian Dior, Dior by Dior, trans. Antonia Fraser (1957; V&A Publications, 2007), pp. 22–3.

2. For a comprehensive discussion of the changes in fashion during the Occupation, see Dominique Veillon,Fashion Under the Occupation, trans. Miriam Kochan (Berg, 2002). Also see Lou Taylor, 'The Work and Function of the Paris Couture Industry during the German Occupation of 1940–1944', Dress 22 (2005), pp. 34–44.

3. Taylor, 'The Work and Function of the Paris Couture Industry', p. 38. Also see Sarah Wilson, 'Collaboration in the Fine Arts', in Gerhard Hirschfeld and Patrick Marsh, eds., Collaboration in France: Politics and Culture during the Nazi Occupation, 1940–1944 (Berg, 1989), pp. 103–25.

4. On Vichy's war against 'decadence', see Robert Paxton, Vichy France: Old Guard and New Order 1940–44, revised edn (Columbia University Press, 2001), pp. 146–8. For specific applications of this perception in the visual arts and de- sign, see Michele Cone, Artists under Vichy: A Case of Prejudice and Persecution (Princeton University Press, 1992), especially pp. 65–82.

5. Francine Muel-Dreyfus, Vichy and the Eternal Feminine: A Contribution to the Political Sociology of Gender, trans. Kathleen A. Johnson (Duke University Press, 2001), p. 5.

6. Alexandra Palmer, Dior (V&A Publications, 2009), p. 32.

7. Barbara Gabriel, 'The Wounds of Memory: Mavis Gallant's "Baum, Gabriel (1935–)," National Trauma, and Postwar French Cinema', Essays on Canadian Writing 80 (2003), p. 199.

8. See, for instance, Rhonda Garelick, 'High Fascism', New York Times (6

March 2011). In the wake of Dior designer John Galliano's dismissal for a vitriolic anti-Semitic outburst in early 2011, claims circulated on the Internet and in some press reports that, presumably because of his employment at Lelong, Dior 'dressed the wives of Nazi officers'. This account suggests an active collabor- ation. Dominique Veillon shows that the number of fashion ration cards issued to German women during the war never exceeded 200— about 1 per cent of the total number issued (pp. 116–17); certainly, the primary activity of haute cou- ture during this period remained clothing French women. Veillon does, however, identify a 1941 agreement between Lelong and German-financed newspaper Paris-Soir, in which the paper would give Lelong free publicity in exchange for his supplying gowns to four women; this certainly implicates Lelong in a variety of accommodation of the German regime (p. 118). As well, Sarah Wilson notes that Lelong was photographed with Hitler's sculptor, Arno Breker, at the private viewing of Breker's Paris exhibition in May 1942. Wilson, 'Collaboration in the Fine Arts', p. 119. This narrative is complicated, however, by the fact that Lelong suggested in the immediate aftermath of the Liberation that 'the minister of in- dustrial production...create a commission to purge couture' (Veillon, p. 142) of wartime collaborators. Lelong himself was tried under these auspices for his 1942 negotiations with a German administrator but he was acquitted. Veillon, Fashion under the Occupation, pp. 92–3. All in all, Lelong's is a complex case, and so ascertaining Dior's role vis-à-vis the Occupation is difficult.

9. Palmer, Dior, p. 32.

10. Marie-France Pochna, Christian Dior: The Man Who Made the World Look New, trans. Joanna Savill (Arcade Publishing, 1996), p. 166.

11. This quotation is from the original French biography by Pochna—certain pas- sages were omitted in the English translation. Marie-France Pochna, Christian Dior (Flammarion, 1994), p. 30. 'D'une femme bourgeoise et arriviste, le fils fabrique un idéal de douceur, de féminité, de délicatesse.'

12.Elissa Marder, 'The Sex of Death and the Maternal Crypt', Parallax 15, no. 1 (2009), p. 7.

13.Dior by Dior, p. viii.

14.Ibid.

15.Ibid., p. 194.

16.Ibid.

17.Ibid.

18.Ibid., p. 61.

19.Christian Dior, Talking about Fashion, as told to Élie Rabourdin and Alice Chavane, trans. Eugenia Shepherd (Putnam, 1954), p. 36.

20.Dior by Dior, p. 22.

21.Dior writes: 'Probably the simplest way to give an idea of my own character is to take you with me into various different houses where I have lived from childhood onwards.' Ibid., p. 167. For a detailed exposition of Dior's anchor- ing of his nostalgic selfhood in particular spaces, see Ilya Parkins and Lara Haworth, 'The Public Time of Private Space in Dior by Dior', Biography 35, no. 3 (2012).

22.Ibid., p. 122.

23.Ibid., p. 171.

24.Jean Starobinski, 'The Idea of Nostalgia', trans. William Kemp, Diogenes 14(1966), p. 84.

25.For the early history of the concept, see Starobinski, 'The Idea of Nostalgia', and Svetlana Boym, 'From Cured Soldiers to Incurable Romantics: Nostalgia and Progress', in The Future of Nostalgia (Basic

Books, 2001), pp. 3–18.

26. Marcos Piason Natali, 'The Politics of Nostalgia: An Essay on Ways of Relating to the Past' (PhD diss., University of Chicago, 2000), p. 20.

27. Peter Fritzsche, 'Specters of History: On Nostalgia, Exile, and Modernity', American Historical Review 106, no. 5 (2001), p. 1588.

28. Boym, The Future of Nostalgia, p. 11.

29. Vladimir Yankélévitch, L' irréversible et la nostalgie (Flammarion, 1974), p. 290. 'L' objet de la nostalgie ce n' est pas tel ou tel passé, mais c' est bien plutôt le fait du passé, autrement dit la passéité.'

30. Fritzsche, 'Specters of History', p. 1588; Terdiman, Present Past: Modernity and the Memory Crisis (Cornell University Press, 1993), chapters 1 and 2.

31. See Boym, The Future of Nostalgia; Natali, 'The Politics of Nostalgia'; Fritzsche, 'Specters of History'; Michael Pickering and Emily Keightley, 'Modalities of Nostalgia', Current Sociology 54, no. 6 (2006), pp. 919–41; Fred Davis, Yearning for Yesterday: A Sociology of Nostalgia (The Free Press, 1979).

32. Davis, Yearning for Yesterday, pp. 10–11.

33. Elissa Marder, Dead Time: Temporal Disorders in the Wake of Modernity (Stanford University Press, 2001), p. 8.

34. Ibid., p. 52.

35. Ibid., p. 35.

36. Rémy G. Saisselin, 'From Baudelaire to Christian Dior: The Poetics of Fashion', The Journal of Aesthetics and Art Criticism 18, no. 1 (1959), p. 114.

37. Richard Martin and Harold Koda, 'Introduction', in Christian Dior

(Metropolitan Museum of Art, 1996), n.p.

38.Edward S. Casey, 'The World of Nostalgia', Man and World 20, no. 4 (1987), p. 367.

39.Sean Scanlan, 'Narrating Nostalgia: Modern Literary Homesickness in New York Narratives, 1809–1925' (PhD diss., University of Iowa, 2008), p. 26.

40.Dior by Dior, p. 74. Dior's detailed descriptions of the design process in both Dior by Dior and Talking about Fashion make central the women involved in it. See the chapter 'From the "Toile" to the Dress' in Dior by Dior and 'The Collection is Born' in Talking about Fashion, pp. 31–75. It is telling that Dior decided to devote so much of this space, ostensibly intended for him to tell his own story, to the women with whom he worked. Biographer Pochna notes that 'Dior always showed the greatest respect and concern for his workrooms and apprentices and the spiritual importance of their craft.' Pochna, Christian Dior (English translation), p. 236.

41.Dior, Talking about Fashion, pp. 24–5.

42.For a useful overview of feminist approaches to the gendered distinction be- tween art as masculine and craft as feminine, see Llewellyn Negrin, 'Ornament and the Feminine', Feminist Theory 7, no. 2 (2006), pp. 219–35.

43.Esmeralda de Réthy and Jean-Louis Perreau, Monsieur Dior et nous (Anthèse, 1999), p. 110. The fatherly attitude is further revealed in the book's anecdotes from former workers.

44.Pochna, Christian Dior, p. 222.

45.Dior by Dior, p. 12.

46.Ibid., p. 13.

47.In Monsieur Dior et nous, Réthy and Perreau call Raymonde Dior's 'alter ego', p. 32.

48. For example, see Katya Foreman, 'The Muse: Mitzah Bricard', WWD (27 February 2007). In 2009, John Galliano—then the house of Christian Dior's designer—designed a collection inspired by Mme Bricard.

49. Dior by Dior, p. 12.

50. Dior, Talking about Fashion, p. 48.

51. Ibid.

52. Dior by Dior, p. 13.

53. Ibid.

54. Judith Brown, Glamour in Six Dimensions: Modernism and the Radiance of Form (Cornell University Press, 2009), p. 5.

55. Ibid., p. 7.

56. Ibid., p. 86.

57. Ibid., p. 87.

58. Françoise Giroud, Christian Dior, trans. Sascha Van Dorssen (Rizzoli, 1987), p. 17.

59. Dior by Dior, p. 7.

60. Ibid, p. 8.

61. Ibid.

62. Ibid., p. 193.

63. Christian Dior, 'Dior', Modern Woman (April 1952), p. 31.

64. Dior by Dior, p. 52.

65. 'As for the few visits I made to my father's factories, they have left

appalling memories: I am sure my horror of machines and my firm resolve never to work in an office or anything like it date from then.' Dior by Dior, pp. 168–9.

66. 'Banking? A government job? An ordered life with regular hours? All that was out of the question.' Dior, Talking about Fashion, p. 4.

67. Dior by Dior, p. 64.

68. Ibid., p. 79.

69. Dior, Talking about Fashion, p. 34.

70. Dior by Dior, p. 62.

71. Ibid., p. 79. Later Dior stresses that he is 'a very unnatural father, because once the opening of the collection is over, I lose interest in my children, and practically never see them again' (p. 114).

72. Ibid., pp. 57–8.

73. Ibid., p. 189.

74. Ibid., p. 147.

75. Christian Dior, interview with Edward Murrow, Person to Person on CBS (11 April 1955).

76. Indeed, the whole interview can be analyzed as an ironic text, with Murrow's ap- parent admiration for Dior undercut by the interviewer's subtle attempts to distance himself from any knowledge of the fashion industry.

77. Ellen Bayuk Rosenman, 'Fear of Fashion; or, How the Coquette Got Her Bad name', in Ilya Parkins and Elizabeth M. Sheehan, eds., Cultures of Femininity in Modern Fashion (University Press of New England, 2011), p. 95.

78. Interview with Edward Murrow, Person to Person.

79. Christian Dior, 'Texte de 1957', in Conférences écrites par Christian Dior (Institut français de la mode/Editions du regard, 2003), pp. 33–4. 'Heureusement—je vous avais dit dès le début—le couturier dispose, de sa part, des meilleurs avo- cats du monde: ses mannequins. Chaque fois qu' il s' apprête à leur donner la parole—comme je le fais maintenant—il espère que leur élégance lui vaudra l' indulgence du jury.'

80. Dior by Dior, p. 136.

81. Ibid., p. 132.

82. Saisselin, 'From Baudelaire to Christian Dior', p.114.

83. Ibid., p. 115.

84. Dior by Dior, p. 27.

85. Ibid., p. 189.

86. Marder, Dead Time, p. 34.

87. '[I]n order to "chop up time", Baudelaire must first redefine space as enclosure and the female body as something that has no "openings": no mouth, no eyes, no hands, no fingers, sex or breasts.' Ibid., p. 40.

88. Caroline Evans, 'Jean Patou' s American Mannequins: Early Fashion Shows and Modernism', Modernism/Modernity 15, no. 2 (2008), p. 261.

89. Dior, Talking about Fashion, p. 78.

90. For early analyses of this capacity, see Lucien Francois, 'Christian Dior', in Comment un nom deviant une griffe (Gallimard, 1961), pp. 221–9; and Catherine Perreau, Christian Dior (Helpé, 1953). For a recent, historicized critical reading, see Alexandra Palmer, Dior, especially 'Chapter Five: Global Expansion and Licences'.

91.Dior, Talking About Fashion, p. 101.

92.Ibid., p. 104.

93.Joanne Entwistle, The Aesthetic Economy of Fashion: Markets and Values in Clothing and Modelling (Berg, 2009), p. 6.

94.Walter Benjamin, 'Paris, the Capital of the Nineteenth Century <Exposé of 1935>', in Howard Eiland and Kevin McLaughlin, trans., The Arcades Project (Belknap Press of Harvard University Press, 1999), p. 40.

95.Esther Leslie, 'On Making-Up and Breaking-Up: Woman and Ware, Craving and Corpse in Walter Benjamin's Arcades Project', Historical Materialism 1, no. 1 (1997), pp. 76, 77.

96.Dior by Dior, p. 95.

97.Ibid., p. 99.

98.Pochna, Christian Dior (English translation), p. 236.

99.I borrow the term 'tellers' of time from Elissa Marder in Dead Time.

100.Marder, Dead Time, p. 17.

101.Elizabeth Outka, Consuming Traditions: Modernity, Modernism, and the Commodified Authentic (Oxford University Press, 2009), p. 9.

102.Ibid.

103.Barbara Vinken, 'Eternity: A Frill on the Dress', Fashion Theory 1, no. 1 (1997), p. 61.

104.Benjamin, 'Paris, the Capital of the Nineteenth Century <Exposé of 1935>', p. 8.

105.Ulrich Lehmann, Tigersprung: Fashion and Modernity (MIT Press, 2000), p.

注释

230.

106.Though it is legitimate to claim that Dior was a conservative, it is important not to let the years of his fame obscure evidence that he was sympathetically aware, at points in his life, of socialist critiques. Dior flirted with Bolshevism in the 1920s, and revealed his openness when he took a 1931 trip to the USSR. Pochna analyzes his overall political 'dilettantism', suggesting that Dior was more interested in 'participating in history' and 'being one of the crowd' than aligning himself with any specific political ideology. Pochna, Christian Dior, origi- nal French edition, p. 76. 'L' envie de se trouver la où se passé quelque chose, de marcher parmi la foule, de participer à l' histoire de son temps, d' une façon qui reflète plus le dilettantisme et la curiosité qu' un désir d' engagement.'

107.Benjamin, 'Theses on the Philosophy of History', in Hannah Arendt, ed., Illuminations (Schocken, 1968).

108.Benjamin, 'Convolute N: On the Theory of Knowledge, Theory of Progress' (N11, 3), in The Arcades Project, p. 476.

109.The grave dangers of working with the gaze turned toward the past are articu- lated in 'Theses on the Philosophy of History', through Benjamin' s famous image of the angel of history, imaged after Paul Klee' s Angelus Novus.

110.Benjamin, 'Convolute N' (N11, 4), p. 476.

111.Ibid. (N9a, 8), p. 474.

112.Ibid. (N2a, 3), p. 462.

113.Benjamin, 'Theses on the Philosophy of History', p. 262.

114.Benjamin, 'Convolute N' (N11, 2), p. 476.

115.Walter Benjamin, 'The Work of Art in the Age of Mechanical

Reproduction', in Illuminations, pp. 222–3.

116.Ibid., p. 223.

117.Benjamin, 'The Storyteller: Reflections on the Work of Nikolai Leskov', in Illuminations, pp. 83–110.

118.Benjamin, 'The Work of Art', p. 224.

119.Michael P. Steinberg, 'The Collector as Allegorist', in Michael P. Steinberg, ed., Walter Benjamin and the Demands of History (Cornell University Press, 1996), p. 96.

120.Brown, Glamour, p. 105.

121.Here again, we find a connection to Baudelaire, whose aestheticization of his experience of the fractured subjectivity of modernity is at the root of his best known poetry.

122.Kathy Psomiades, 'Beauty's Body: Gender Ideology and British Aestheticism', Victorian Studies 36, no. 1 (1992), p. 45.

123.Ibid., p. 48.

124.Following Psomiades in this argument in terms confined to the modernist period and Walter Benjamin is Eva Geulen, 'Toward a Genealogy of Gender in Walter Benjamin's Writing', The German Quarterly 69, no. 2 (1996), pp. 161–80.

结论: 时尚自我，反思矛盾

1. Susan B. Kaiser and Karyl Ketchum, 'Consuming Fashion and Flexibility: Meta- phor, Cultural Mood, and Materiality', in S. Ratneshwar and David Glen Mick, eds., Inside Consumption: Consumer Motives, Goals, and Desires (Routledge, 2005), p. 131.

2. Although ambiguity (which denotes variable meaning) and ambivalence (which denotes a state of being) have different meanings, I follow Fred Davis in stress- ing their fundamental interrelation. He writes, 'while the multiple meanings of ambiguity may arise from any of a variety of sources—phonemic resemblances, shifting contexts, cultural variability, evasive intent, or euphemism—ambiguity is so regularly the by-product of ambivalence as to be subjectively indistin- guishable from it . . . Because of ambivalence's "natural" ties to the multiple meanings that are ambiguity, the opposing pulls one feels over how to dress translate, at the level of perception, into mixed, contradictory, conflicting, or, at the very least, inchoate identity messages.' Fred Davis, Fashion, Culture, and Identity (University of Chicago Press, 1992), pp. 21–2.

3. A perfect illustration of the semiotic complexity of the relationship between modernity and femininity is the varied, transnational set of essays contained in The Modern Girl Around the World: Consumption, Modernity, and Globalization, edited by the The Modern Girl Around the World Research Group (Duke University Press, 2008). Each of the many essays in this volume foregrounds the tensions and contradictions embodied in the figure of the modern girl, illustrating the global ubiquity of the tendency to embody anxieties about modernity in female figures in the press and popular discourses of various kinds.

4. These include Elizabeth Wilson, Adorned in Dreams: Fashion and Modernity, revised edn (Rutgers University Press, 2003), ch. 11; Alexandra Warwick and Dani Cavallero, Fashioning the Frame: Boundaries, Dress, and the Body (Berg, 1998); Davis, Fashion, Culture, and Identity, pp. 21–99; Anne Boultwood and Robert Jerrard, 'Ambivalence, and the Relation to Fashion and the Body', Fashion The- ory 4, no. 3 (2000), pp. 301–22; Kaiser and Ketchum, 'Consuming Fashion'; and Caroline Evans, Fashion at the Edge: Spectacle, Modernity, and Deathliness (MIT Press, 2003).

5. Boultwood and Jerrard, 'Ambivalence', p. 302.

Poiret, Dior and Schiaparelli

6. Kaiser and Ketchum, 'Consuming Fashion', p. 135.

7. Ibid., p. 137.

8. The best formulated evidence for the claim that twentieth-century fashion modernized women but produced an attendant conservative impulse born from anxiety, remains Mary Louise Roberts's 'Samson and Delilah Revisited: The Politics of Women's Fashion in 1920s France', American Historical Review 98, no. 3 (1993), pp. 657–84. Roberts's careful analysis is useful because it reminds us of the duality or even multiplicity of the effects of modernizing fashion on women's social status.

9. Caroline Evans, 'Jean Patou's American Mannequins: Early Fashion Shows and Modernism', Modernism/Modernity 15, no. 2 (2008), p. 261. Also see Evans's article 'Multiple, Movement, Model, Mode: The Mannequin Parade 1900– 1929', in Christopher Breward and Caroline Evans, eds., Fashion and Modernity (Berg, 2005), pp. 125–45.

10. I am here influenced by The Modern Girl Around the World Research Group, whose formulation of their methodology in the introduction to their edited vol- ume about modern girlhood and globalization includes a discussion of what they call connective comparison. 'Connective comparison,' they write, 'avoids recourse to abstract types and instead focuses on how specific local processes condition each other. It scrutinizes the idea of discrete temporal and geographic locations by positing specific local developments in conversation with those oc- curring elsewhere in the world...Connective comparison is, thus, a method that neither reads peculiar phenomena as deviations from an abstracted "norm" nor one that measures such developments against those postulated by theories of inevitable modernization. Rather, it puts into practice Johannes Fabian's in- sight that the time of modernity is lateral and simultaneous, not evolutionary or stagist. Connective comparison avoids establishing temporal priority in a man- ner that privileges linear causality'. The Modern Girl

Around the World, p. 3–4.

11. Rita Felski, The Gender of Modernity (Harvard University Press, 1995), p. 208.

12. Evans, Fashion at the Edge, pp. 306–7.

13. See Douglas Mao and Rebecca L. Walkowitz, 'The New Modernist Studies',
PMLA 123, no. 3 (2008), pp. 737–48.

Poiret, Dior and Schiaparelli

参考文献

Alaimo, S. and S. Hekman, eds. (2008), 'Darwin and Feminism: Preliminary Investigations for a Possible Alliance', in Material Feminisms, Bloomington: Indiana University Press.

Anderson, L. (2006), 'Autobiography and the Feminist Subject', in E. Rooney, ed., The Cambridge Companion to Feminist Literary Theory, Cambridge: Cambridge Univer- sity Press.

Apter, E. (2010), '"Women's Time" in Theory', differences, 21/1, pp. 1–18 Barnard, M. (2002), 'Fashion, Clothing, and Social Revolution', in Fashion as Communication, New York: Routledge.

Barthes, R. (1983), The Fashion System, Berkeley: University of California Press. Baudelaire, C. (1965), 'The Painter of Modern Life', in The Painter of Modern Life and Other Essays, London: Phaedon.

Benjamin, A. (2006), Style and Time: Essays on the Politics of Appearance, Chicago: Northeastern University Press.

Benjamin, W. (1968a), 'Theses on the Philosophy of History', in H. Arendt, ed., Illuminations, New York: Schocken.

Benjamin, W. (1968b), 'The Work of Art in the Age of Mechanical Reproduction', in H. Arendt, ed., Illuminations, New York: Schocken.

Benjamin, W. (1968c), 'The Storyteller: Reflections on the Work of Nikolai Leskov', in H. Arendt, ed., Illuminations, New York: Schocken.

Benjamin, W. (1999), The Arcades Project, Cambridge, MA: Belknap Press of Harvard University Press.

Berman, M. (1982), All that is Solid Melts into Air: The Experience of Modernity, New

York: Simon and Schuster.

Bhabha, H. (1991), '"Race," Time, and the Revision of Modernity', Oxford Literary Review, 13/1–2, pp. 193–219.

Birchall, C. (2007), 'Cultural Studies Confidential', Cultural Studies, 21/1, pp. 5–21. Blau, H. (1999), Nothing in Itself: Complexions of Fashion, Bloomington: Indiana Uni- versity Press.

Blumer, H. (1969), 'From Class Differentiation to Collective Selection', The Sociological Quarterly, 10/3, pp. 275–91.

Borrelli, L. B. (1997), 'Dressing Up and Talking about It: Fashion Writing in Vogue from 1968 to 1993', Fashion Theory, 1/3, pp. 247–59.

Boultwood, A. and R. Jerrard (2000), 'Ambivalence, and the Relation to Fashion and the Body', Fashion Theory, 4/3, pp. 301–22.

Bourdieu, P. (1980), 'The Production of Belief: Contribution to an Economy of Symbolic Goods', Media, Culture, and Society, 2, pp. 267–89.

Bourdieu, P. (1993a), 'Haute Couture and Haute Culture', in R. Nice, trans., Sociology in Question, London: Sage.

Bourdieu, P. (1993b), 'But Who Created the "Creators"?' in R. Nice, trans., Sociology in Question, London: Sage.

Bourdieu, P. and Y. Delsaut (1975), 'Le couturier et sa griffe: Contribution à une théorie de la magie', Actes de la recherche en sciences sociales, 1/1, pp. 15–21. Boym, S. (2001), 'From Cured Soldiers to Incurable

Romantics: Nostalgia and Progress', in The Future of Nostalgia, New York: Basic Book.

Braudy, L. (1986), The Frenzy of Renown: Fame and its History, New York: Vintage.

Brassington,D. (1935), 'Noted Designer's Sparkling Styles',Seattle Post-Intelligencer, 21 February.

Bratich, J. (2007), 'Popular Secrecy and Occultural Studies', Cultural Studies, 21/1, pp. 42–58.

Breward, C. (1995), 'Medieval Period: Fashioning the Body', in The Culture of Fashion, Manchester: Manchester University Press.

Breward, C. (1995b), The Culture of Fashion: A New History of Fashionable Dress, Manchester: Manchester University Press.

Breward, C. (1999), The Hidden Consumer: Masculinities, Fashion, and City Life 1860–1914, Manchester: Manchester University Press.

Brockmeier, J. (2000), 'Autobiographical Time', Narrative Inquiry, 10/1, pp. 51–73.

Brickell, C. (2002), 'Through the (New) Looking Glass: Gendered Bodies, Fashion and Resistance in Postwar New Zealand',Journal of Consumer Culture, 2/2, pp. 241–69.

Brown, J. (2009), Glamour in Six Dimensions: Modernism and the Radiance of Form, Ithaca: Cornell University Press.

Bryson, V. (2007), 'Time', in G. Blakely and V. Bryson, eds., The Impact of Feminism on Political Concepts and Debates, Manchester: Manchester University Press.

Buckley, C. and H. Fawcett (2002), Fashioning the Feminine: Representation and Women's Fashion from the Fin de Siècle to the Present, London: I. B. Taurus.

Buci-Glucksmann, C. (1986), 'Catastrophic Utopia: The Feminine as Allegory of the Modern', Representations, 14, pp. 220–9.

Buci-Glucksmann,C.(1994), Baroque Reason: The Aesthetics of Modernity, London: Sage.

Buci-Glucksmann, C. (2003), Esthétique de l'éphémère, Paris: Galilée.

Buck-Morss, S. (2002), 'Revolutionary Time: The Vanguard and the Avant-Garde', in H. Geyer-Ryan, P. Koopman and K. Internee, eds., Perception and Experience in Modernity, Amsterdam: Rodopi.

Burns, S. (1996), Inventing the Modern Artist: Art and Culture in Gilded Age America, New Haven: Yale University Press.5

Calefato, P. (2004), The Dressed Body, Oxford: Berg.

Casey, E. (1987), 'The World of Nostalgia', Man and World, 20/4, pp. 361–84.

Castellant, F. A. (1927), 'La mode est-elle en danger?', L'Art et la Mode, 11 June.

Code, L. (1991), What Can She Know? Feminist Theory and the Construction of Knowledge, Ithaca: Cornell University Press.

Code, L. (1995), Rhetorical Spaces: Essays on Gendered Locations, New York: Routledge.

Cone, M. (1992), Artists under Vichy: A Case of Prejudice and Persecution, Princeton, NJ: Princeton University Press.

Conor, L. (2004), The Spectacular Modern Woman: Feminine Visibility in the 1920s, Bloomington: Indiana University Press.

Constable, C. (2000), 'Making up the Truth: On Lies, Lipstick, and Friedrich Nietzsche', in S. Bruzzi and P. C. Gibson, eds., Fashion Cultures: Theories, Explorations, and Analysis, London: Routledge.

Crosby, C. (1991), The Ends of History: Victorians and 'the Woman Question', New York and London: Routledge.

Curnutt, K. (1999–2000), 'Inside and Outside: Gertrude Stein on Identity, celebrity, and Authenticity', Journal of Modern Literature, 23/2, pp. 291–308. Danahay, M. A. (1993), A Community of One: Masculine Autobiography and Autonomy in Nineteenth-Century Britain, Albany: SUNY Press.

Davis, F. (1979), Yearning for Yesterday: A Sociology of Nostalgia, New York and London: The Free Press.

Davis, F. (1992), Fashion, Culture, and Identity, Chicago: University of Chicago Press. Davis, M. E. (2006), Classic Chic: Music, Fashion and Modernism, Berkeley: University of California Press.

Degoutte, C. (2007), 'Stratégies de marques de la mode: convergence ou divergence des modèles de gestion nationaux dans l'industrie de luxe (1860–2003)?', Entreprises et Histoire, 46, pp. 125–42.

de Réthy, E. and J.-L. Perreau (1999), Monsieur Dior et nous, Paris: Anthèse.

Derrida, J. and M. Ferraris (2001), A Taste for the Secret, Cambridge: Polity Press.

Dettmar, K. J. H. and S. Watts, eds. (2003), Marketing Modernisms: Self-Promotion,

Canonization, and Re-reading, Ann Arbor: University of Michigan Press.

Deutscher, P. (1997), Yielding Gender: Feminism, Deconstruction, and the History of Philosophy, London: Routledge.

Dior, C. (1952), 'Dior', Modern Woman, April.

Dior, C. (1954), Talking about Fashion, New York: Putnam.

Dior, C. (2003), 'Texte de 1957', Conférences écrites par Christian Dior, Paris: Institut français de la mode/Editions du regard.

Dior, C. (2007), Dior by Dior, London: V&A Publications.

Douglas, A. (1996), Terrible Honesty: Mongrel Manhattan in the 1920s, New York: Farrar, Straus and Giroux.

Dyer, R. (1991), 'A Star is Born and the Construction of Authenticity', in C. Gledhill, ed., Stardom: Industry of Desire, London: Routledge.

Entwistle, J. (2000), The Fashioned Body: Fashion, Dress, and Modern Social Theory, Cambridge: Policy Press.

Entwistle, J. (2009), The Aesthetic Economy of Fashion: Markets and Values in Clothing and Modeling, Oxford: Berg.

'Etre à la mode' (1930), Vogue, Paris, April.

'Etude photographique exécutée pour Vogue par le Baron de Meyer lors de sa récente visite a Paris' (1923), Vogue, Paris, 12 December.

Evans, C. (1999), 'Masks, Mirrors and Mannequins: Elsa Schiaparelli and the Decentered Subject', Fashion Theory, 3/1, pp. 3–32.

Evans, C. (2003), Fashion at the Edge: Spectacle, Modernity, Deathliness, New Haven and London: Yale University Press.

Evans, C. (2005), 'Multiple, Movement, Model, Mode: The Fashion Parade 1900–1929', in C. Breward and C. Evans, eds., Fashion and Modernity, Oxford: Berg. Evans, C.(2007), 'Denise Poiret: Muse or Mannequin', in H. Koda and A. Bolton, eds., Poiret, New York: Metropolitan Museum of Art.

Evans, C. (2008), 'Jean Patou's American Mannequins: Early Fashion Shows and

Modernism', Modernism/Modernity, 15/2, pp. 242–63.

Evans, C. and M. Thornton (1991), 'Fashion,Representation,Femininity',Femi nist Review, 38, pp. 48–66.

'Ex-Fashion Dictator Now Drawing the Dole' (1934), The Glasgow Record, 13 August.

Fabian, J. (1983), Time and the Other: How Anthropology Makes its Object, New York: Columbia University Press.

'Fashion Becomes News' (1936), New York Woman, 1/1, p. 27.

Felski, R. (1995), The Gender of Modernity, Cambridge, MA: Harvard University Press.

Felski, R. (2000), Doing Time: Feminist Theory and Postmodern Culture, New York: New York University Press.

Felski, R. (2002), 'Telling Time in Feminist Theory', Tulsa Studies in Women's Literature, 21/1, pp. 21–7.

Ferguson, H. (2000), Modernity and Subjectivity: Body, Soul, and Spirit, Charlottesville: University Press of Virginia.

Ferrero-Regis, T. (2008), "What is in the Name of the Fashion Designer?" (Paper presented at the Art Association of Australia and New Zealand Conference, Brisbane, Australia, 5–6 December), http://eprints.qut.edu. au/18120, accessed 13 February 2011.

Fields, J. (2001), '"Fighting the Corsetless Evil": Shaping Corsets and Culture, 1900–1930', in P. Scranton, ed., Beauty and Business: Commerce, Gender and Culture in Modern America, New York: Routledge.

Fine, B. and E. Leopold. (1993), The World of Consumption, London: Routledge.

Flanner, J. (1932), 'Profiles: Comet', The New Yorker, 18 June.

Foreman, K. (2007), 'The Muse: Mitzah Bricard', WWD, 27 February.

Foucault, M. (1970), The Order of Things: An Archaeology of the Human Sciences, New York: New York.

Francois, L. (1961), 'Christian Dior', in Comment un nom devient une griffe, Paris: Gallimard.

Frisby, D. (1988), Fragments of Modernity: Theories of Modernity in the Work of Simmel, Kracauer, and Benjamin, Cambridge: MIT Press.

Fritzsche, P. (2001), 'Specters of History: On Nostalgia, Exile, and Modernity', American Historical Review, 106/5, pp. 1588–92.

Fuchs, P. (1921), 'Dans le royaume de la mode', Le Crapouillot, 1 April.

Gabriel, B. (2003), 'The Wounds of Memory: Mavis Gallant's "Baum, Gabriel (1935-)" National Trauma, and Postwar French Cinema', Essays on Canadian Writing, 80, pp. 189–216.

Gaines, J. (1990), 'Costume and Narrative: How Dress Tells the Woman's Story', in J. Gaines and C. Herzog, eds., Fabrications: Costume and the Female Body, London: Routledge.

Gamson, J. (1994), Claims to Fame: Celebrity in Contemporary America, Berkeley: University of California Press.

Ganguly, K. (2004), 'Temporality and Postcolonial Critique', in N. Lazarus, ed., The Cambridge Companion to Postcolonial Literary Studies, Cambridge: Cambridge University Press.

Gaonkar, D. (1999), 'On Alternative Modernities', Public Culture, 11/1, pp.

1–18.

Garelick, R. (2011), 'High Fascism', New York Times, 6 March.

Garnier, G. (1984), 'Schiaparelli vue par...', in Hommage à Schiaparelli, Paris: Ville de Paris, Musée de la mode et du costume.

Geulen, E. (1996), 'Toward a Genealogy of Gender in Walter Benjamin's Writing', The German Quarterly, 69/2, pp. 161–80.

Glenn, C. (2004), Unspoken: The Rhetoric of Silence, Carbondale: Southern Illinois University Press.

Glucksmann-Buci, C. (1986), 'Catastrophic Utopia: The Feminine as Allegory of the Modern', Representations, 14/2, pp. 220–9.

Gibson, P. C. (2001), 'Redressing the Balance: Patriarchy, Postmodernism, and Feminism', in

P. C. Gibson and S. Bruzzi, eds., Fashion Cultures: Theories, Explorations, and Analysis, London: Routledge.

Gibson, R. (2003), 'Schiaparelli,Surrealism,and the Desk Suit',Dress, 30, pp. 48–59.

Gilbert, J. (2007), 'Public Secrets: Being-With in an Age of Perpetual Disclosure', Cultural Studies, 21/1, pp. 22–41.

Giroud, F. (1987), Christian Dior, New York: Rizzoli.

Gould, C. S. (2005), 'Glamour as an Aesthetic Property of Persons', Journal of Aesthetics and Art Criticism, 63/3, p. 237–47.

Gray, R. (1981), 'Time Present and Time Past: The Ground of Autobiography', Soundings, 64/1, pp. 52–74.

Green,M. H. (2000), 'From "Diseases of Women" to "Secrets of Women":

The Trans- formation of Gynecological Literature in the Later Middle Ages', Journal of Medieval and Early Modern Studies, 30/1, pp. 5–40.

Green,N.L.(2007), Ready-to-Wear and Ready-to-Work: A Century of Industry and Im- migrants in Paris and New York, Durham, NC: Duke University Press.

Gronberg, T. (1998), Designs on Modernity: Exhibiting the City in 1920s Paris, Manchester: Manchester University Press.

Grosz,E.(2004), Nick of Time: Politics, Evolution, and the Untimely,Durham,NC: Duke University Press.

Grosz, E., ed. (1999), 'Thinking the New', in Becomings: Explorations in Time, Memory, and Futures, Ithaca, NY: Cornell University Press.

Gundle, S. (1999), 'Mapping the Origins of Glamour: Giovanni Boldini, Paris, and the Belle Époque', Journal of European Studies, 29, pp. 269–95.

Habermas, J. (1987), The Philosophical Discourse of Modernity, Cambridge, MA: MIT Press.

Haraway, D. (1991), 'Situated Knowledges: The Science Question in Feminism and the Privilege of Partial Perspective', in Simians, Cyborgs, and Women: The Reinvention of Nature, New York: Routledge.

'Haute Couture' (1934), Time, 13 August.

Hayseed, A. (1986), 'Mass Culture as Woman: Modernism's Other', in After the Great Divide: Modernism, Mass Culture, Postmodernism, Bloomington: Indiana University Press.

Hebdige, D. (1979), Subculture: The Meaning of Style, New York: Methuen.

Helal, K. M. (2004), 'Celebrity, Femininity, Lingerie: Dorothy Parker's Autobiographical Monologues', Women's Studies, 33/1, pp. 77–102.

Hillaire, N. (2008), 'Fashion and Modernity in the Light of Modern and Contemporary Art', Institut français de la mode Research Report, 9, pp. 8–11.

Jaffe, A. (2005), Modernism and the Culture of Celebrity, Cambridge: Cambridge University Press.

Jensen, R. (1993), Marketing Modernism in Fin-de-Siècle Europe, Princeton: Princeton University Press.

Jervis, J. (1999), Transgressing the Modern: Explorations in the Western Experience of Otherness, Oxford: Blackwell.

Jones, A. R. and P. Stallybrass (2000), Renaissance Clothing and the Materials of Memory, Cambridge: Cambridge University Press.

Kaiser,S.(2001), 'MindingAppearances:Style,Truth,andSubjectivity',inJ. Entwistle and E. Wilson, eds., Body Dressing, Oxford: Berg.

Kaiser, S. and K. Ketchum (2005), 'Consuming Fashion and Flexibility: Metaphor, Cultural Mood, and Materiality', in S. Ratneshwar and D. G. Mick, eds., Inside Consumption: Consumer Motives, Goals, and Desires, London: Routledge.

Kawamura, Y. (2005), Fashion-ology: An Introduction to Fashion Studies, Oxford: Berg.

Keller, E. F. (1992), Secrets of Life, Secrets of Death, New York, Routledge.

Kern, S. (1983), The Culture of Time and Space 1880–1918, Cambridge, MA: Harvard University Press.

Kittay, E. F. (1988), 'Woman as Metaphor', Hypatia, 3/2, pp. 63–86.

Koda, H. and A. Bolton, eds. (2007), Poiret, New York: Metropolitan Museum of Art.

Koselleck, R. (2004), Futures Past: On the Semantics of Historical Time, New York: Columbia University Press.

Kwint, M., C. Breward and J. Aynsley, eds. (1999), Material Memories: Design and Evocation, Oxford: Berg.

Lacroix, C. (2004), 'Schiaparelli vue par Christian Lacroix: une mode "décapante"', Le Monde, March 28–29.

'La Mode' (1923), La Voix professionnelle, January.

Laver J. and A de la Haye (1995), 'Early Europe', in Costume and Fashion: A Concise History, London: Thames and Hudson.

Lee, R. (1931), 'A King of Fashion Speaks from his St. Helena', New York Times, 10 May.

Lehmann, U. (2000), Tigersprung: Fashion and Modernity, Cambridge, MA: MIT Press.

'Le roi de la mode parle' (1925), Le Progrès d'Athènes, 18 June.

Leslie, E. (1997), 'On Making-Up and Breaking-Up: Woman and Ware, Craving and Corpse in Walter Benjamin's Arcades Project', Historical Materialism, 1/1, pp. 66–89.

Lipovetsky, G. (1994), The Empire of Fashion: Dressing Modern Democracy, Princeton, NJ: Princeton University Press.

Lloyd, G. (1993), 'The Past: Loss or Eternal Return?' in Being in Time: Selves and Narrators in Literature and Philosophy, New York: Routledge.

Lloyd, G. (2002), 'Reason and Progress', in The Man of Reason: 'Male' and 'Female' in Western Philosophy, 2nd edn, New York: Routledge.

Loos, A. (1997), 'Ornament and Crime', in Ornament and Crime: Selected Essays, California: Ariadne Press.

Mao, D. and R. L. Walkowitz (2008), 'The New Modernist Studies', PMLA, 123/3, pp. 737–48.

Marder, E. (2001), Dead Time: Temporal Disorders in the Wake of Modernity, Stanford: Stanford University Press.

Marder, E. (2009), 'The Sex of Death and the Maternal Crypt', Parallax, 15/1, p. 5–20.

Marson, S. (1998), 'The Beginning of the End: Time and Identity in the Autobiography of Violette Leduc', Sites: Journal of Twentieth Century/ Contemporary French Studies, 2/1, pp. 69–87.

Martin, R. and H. Koda (1996), 'Introduction', in Christian Dior, New York: Metropolitan Museum of Art.

Meeker, N. (2003), ' "All Times are Present to Her": Femininity, Temporality, and Libertinage in Diderot's "Sur les femmes"', Journal for Early Modern Cultural Studies, 3/2, pp. 68–100.

Menon, E. K. (2006), Evil by Design: The Creation and Marketing of the Femme Fatale, Urbana and Chicago: University of Illinois Press.

Merchant, C. (1980), The Death of Nature: Women, Ecology, and the Scientific Revolution, San Francisco: Harper & Row.

Meyers, T. (2001), 'Modernity, Post-Modernity, and the Future Perfect', New Literary History, 32, pp. 33–45.

Miller, N. K. (1994), 'Representing Others: Gender and the Subject of Autobiography', differences, 6/1, pp. 1–27.

Mule-Dreyfus, F. (2001), Vichy and the Eternal Feminine: A Contribution to the Political Sociology of Gender, Durham, NC: Duke University Press.

Murrow, E. (1955), 'Interview with Christian Dior', Person to Person, CBS,

参考文献

11 April. Natali, M. P. (2000), 'The Politics of Nostalgia: An Essay on Ways of Relating to the Past', PhD diss., University of Chicago.

Negrin, L. (2006), 'Ornament and the Feminine', Feminist Theory, 7/2, pp. 219–35.

Osborne, P. (1995), The Politics of Time: Modernity and Avant-Garde, London: Verso.

Outka, E. (2009), Consuming Traditions: Modernity, Modernism, and the Commodified Authentic, Oxford and New York: Oxford University Press.

Palmer, A. (2009), Dior, London: V&A Publications.

'Paul Poiret Dies; Dress Designer, 64' (1944), New York Times, 3 May.

Parkins, I. (2008), 'Building a Feminist Theory of Fashion: Karen Barad's Agential Realism', Australian Feminist Studies, 23/58, pp. 501–15.

Parkins, I. (2011), 'Early Twentieth-Century Fashion Designer Life Writing', CLCWeb: Comparative Literature and Culture, 13/1, pp. 1–10.

Parkins, I. and L. Haworth (2012), 'The Public Time of Private Space in Dior by Dior', Biography, 35/3.

Partington, A. (1992), 'Popular Fashion and Working-Class Affluence', in J. Ash and E. Wilson, eds., Chic Thrills: A Fashion Reader, London: Pandora.

'Paul Poiret, chômeur' (1934), L'Ordre, 17 August.

'Paul Poiret Here to Tell of his Art' (1913), New York Times, 21 September.

Paxton, R. (2001), Vichy France: Old Guard and New Order 1940–44, revised edn, New York: Columbia University Press.

Perreau, C. (1953), Christian Dior, Paris: Helpé.

Picardie, J. (2005), My Mother's Wedding Dress, New York: Bloomsbury.

Pickering, M. and E. Keightley (2006), 'Modalities of Nostalgia', Current Sociology, 54/6, pp. 919–41.

Pike, B. (1976), 'Time in Autobiography', Comparative Literature, 28/4, pp. 326–42.

Pike, B. (1976), 'Time in Autobiography', Comparative Literature, 28/4, pp. 326–43.

Pochna, M.-F. (1994), Christian Dior, Paris: Flammarion.

'Poiret Insists on the Jupe Culotte' (1914), New York Times, 15 March.

Poiret, M. (1913), 'Our Girls Puritans, is M. Poiret's Idea', New York Times, 14 October.

Poiret, P. (1923), 'Comment se lance une mode—Ce qui Nous dit M. Paul Poiret', En Attendant, February.

Poiret, P. (1924), 'Quelques considérations sur la mode', Le Figaro, 2 July.

Poiret, P. (1928), 107 Recettes Curiosités Culinaires, Paris: Henri Jonquieres et Compagnie.

Poiret, P. (1932), 'Paris, sans nuits, s'ennuie', Paris-Soir, 14 July.

Poiret, P. (1934), Art et Phynance, Paris: Lutetia.

Poiret, P. (1938), 'The Beauties of my Day', Harper's Bazaar, 15 September.

Poiret, P. (2009), King of Fashion, London: V&A Publications. 'Poiret's New Start: Fashion Leader Saved from Dole' (1934), Daily Sketch, London, 16 August.

'Poiret: Une silhouette parisienne' (1912), Le miroir des modes, June 1912.

Pochna, M.-F. (1996), Christian Dior: The Man Who Made the World Look New, in J. Savvily, trans, New York: Arcade Publishing.

'Pourquoi les accessoires de la mode souffrent-ils d' une crise?' (1923), Le Petit Parisian, 13 March.

Psomiades, K. A. (1992), 'Beauty' s Body: Gender Ideology and British Aestheticism' , Victorian Studies, 36/1, pp. 31–52.

Pumphrey, M. (1987), 'The Flapper, the Housewife, and the Making of Modernity' , Cultural Studies, 1/2, pp. 179–94.

Rainey, L. (1998), Institutions of Modernism: Literary Elites and Popular Culture, New Haven: Yale University Press.

Rak, J. (2002), 'Autobiography and Production: The Case of Conrad Black' , International Journal of Canadian Studies, 25, pp. 149–68.

Reid, C. E. (2006), 'Glamour and the "Fashionable Mind"' , Soundings, 89/3–4, pp. 301–19.

Roberts, M. L. (1993), 'Samson and Delilah Revisited: The Politics of Women' s Fashion in 1920s France' , American Historical Review, 98/3, pp. 657–84.

Rocamora, A. (2002), 'Le Monde' s discours de mode: creating the créateurs' , French Cultural Studies, 13, pp. 83–98.

Rocamora, A. (2002), 'Fields of Fashion: Critical Insights into Bourdieu' s Sociology of Culture' , Journal of Consumer Culture, 2/3, pp. 341–62.

Rosenman, E. B. (2011), 'Fear of Fashion, or, How the Coquette Got Her Bad Name' ,in I. Parkins and E. M. Sheehan, eds., Cultures of Femininity in Modern Fashion, Lebanon, NH: University Press of New England.

Rosenquist, R. (2009), Modernism, the Market, and the Institution of the New, Cambridge: Cambridge University Press.

Saisselin, R. G. (1959), 'From Baudelaire to Christian Dior: The Poetics of Fashion', The Journal of Aesthetics and Art Criticism, 18/1, pp. 109–15.

Scanlan, S. (2008), 'Narrating Nostalgia: Modern Literary Homesickness in New York Narratives, 1809–1925', PhD diss., University of Iowa.

'Schiaparelli' (1932), Harper's Bazaar, April.

Schiaparelli, E. (2007), Shocking Life, London: V&A Publications.

'Schiaparelli Sees Paris Style Mecca' (1940), New York Times, 11 December.

Schippers, M. (2007), 'Recovering the Feminine Other: Masculinity, Femininity, and Gender Hegemony', Theory and Society, 36/1, pp. 85–102.

Simmel, G. (1997), 'The Metropolis and Modern Life', in D. Frisby and M. Featherstone, eds., Simmel on Culture, London: Sage.

Smith, R. (1994), 'Internal Time-Consciousness of Modernism', Critical Quarterly, 36/3, pp. 20–9.

Smith, S. (1993). 'The Universal Subject,Female Embodiment,and the Consolidation of Autobiography', in Subjectivity, Identity, and the Body: Women's Autobiographical Practice in the Twentieth Century, Bloomington: Indiana University Press.

Smith, S. and J. Watson (1992), 'De/Colonization and the Politics of Discourse in Women's Autobiographical Practices', in S. Smith and J. Watson, eds., De/Colonizing the Subject: The Politics of Gender in Women's Autobiography, Minneapolis: University of Minnesota Press.

Solomon-Godeau, A. (1996), 'The Other Side of Venus: The Visual Economy of Feminine Display', in V. De Grazia, ed., The Sex of Things: Gender and Consumption in Historical Perspective, Berkeley: University of California Press.

Stallybrass, P. (1993), 'Clothes, Mourning, and the Life of Things', Yale Review, 81/2, pp. 183–207.

Stanton, D.C. (1998), 'Autogynography: Is the Subject Different?', in S. Smith and J. Watson, eds., Women, Autobiography, Theory: A Reader, Madison: University of Wisconsin Press.

Starobinski, J. (1966), 'The Idea of Nostalgia', Diogenes, 14, pp. 81–103.

Steele, V. (1992), 'Chanel in Context', in J. Ash and E. Wilson, eds., Chic Thrills: A Fashion Reader, Berkeley: University of California Press.

Steele, V. (1998), Paris Fashion: A Cultural History, Oxford: Berg.

Steinberg, M. P. (1996), 'The Collector as Allegorist', in M. P. Steinberg, ed., Walter Benjamin and the Demands of History, Ithaca: Cornell University Press.

Stewart, M. L. (2008), Dressing Modern Frenchwomen: Marketing Haute Couture, 1919–39, Baltimore: Johns Hopkins University Press.

Strychacz, T. (1993), Modernism, Mass Culture, and Professionalism, Cambridge: Cambridge University Press.

Taylor, L. (2005), 'The Work and Function of the Paris Couture Industry during the German Occupation of 1940–1944', Dress, 22, pp. 34–44.

Terdiman, R. (1993), Present Past: Modernity and the Memory Crisis, Ithaca, NY: Cornell University Press.

Terego, A. (1910), 'Les Opinions de Monsieur Pétrole', La Grande Revue, 10 May. 'The Case of "Hair Up Versus Hair Down" is Reopened in Paris'

(1938), Women's Wear Daily, 11 February.

The Modern Girl Around the World Research Group (2008), The Modern Girl Around the World: Consumption, Modernity, and Globalization, Durham, NC: Duke University Press.

'The Paris Dress Parade: As seen by a man' (1932), Vogue, London, 14 September. Tolson, A. (2001), '"Being Yourself": The Pursuit of Authentic Celebrity', Discourse Studies, 3/4, pp. 443–57.

Turner, C. (2003), Marketing Modernism Between the Two World Wars, Amherst: University of Massachusetts Press.

Troy, N. J. (2003), Couture Culture: A Study in Modern Fashion, Cambridge: MIT Press.

Tseëlon, E. (1995), The Masque of Femininity, London: Sage.

Tseëlon, E. (2001), 'From Fashion to Masquerade: Toward an Ungendered Paradigm', in J. Entwistle and E. Wilson, eds., Body Dressing, Oxford: Berg.

'Une conversation avec un chômeur de marque' (1935), La Revue, Lausanne, 2 Jan- uary.

Veillon, D. (2002), Fashion Under the Occupation, trans. M. Kochan, Oxford: Berg.

Vinken, B. (1997), 'Eternity: A Frill on the Dress', Fashion Theory, 1/1, pp. 59–67.

Vinken, B. (2005), Fashion Zeitgeist: Trends and Cycles in the Fashion System, Oxford: Berg.

Warwick, A. and D. Cavallero (1998), Fashioning the Frame: Boundaries, Dress, and the Body, Oxford: Berg.

White, L. (2000), 'Telling More: Secrets, Lies, and History', History and Theory, 39, pp. 11–22.

White, P. (1996), Elsa Schiaparelli: Empress of Paris Fashion, London: Aurum Press.

Wilson, E. (2003), Adorned in Dreams: Fashion and Modernity, revised edn, New Brunswick, NJ: Rutgers University Press.

Wilson, E. (2007), 'A Note on Glamour', Fashion Theory, 11/1, pp. 95–107.

Wilson, S. (1989), 'Collaboration in the Fine Arts', in G. Hirschfield and P. Marsh, eds., Collaboration in France: Politics and Culture during the Nazi Occupation, 1940–1944, Oxford: Berg.

Witz, A. (2001), 'Georg Simmel and the Masculinity of Modernity', Journal of Classical Sociology, 3/1, pp. 353–70.

Witz, A. and B. Marshall (2004), 'The Masculinity of the Social: Toward a Politics of Interrogation', in A. Witz and B. Marshall, eds., Engendering the Social: Feminist Encounters with Social Theory, Berkshire: Open University Press.

Wollen, P. (2002), 'The Concept of Fashion in The Arcades Project', boundary 2, 30/1, pp. 131–42.

Worth, J. (1914), 'Harmony is the Great Secret', in F. Winterburn, J. Worth and P. Poiret, Principles of Correct Dress, New York: Harper and Brothers.

Yankélévitch, V. (1974), L'irréversible et la nostalgie, Paris: Flammarion.

Zerilli, L. (1994), Signifying Woman: Culture and Chaos in Rousseau, Burke, and Mill, Ithaca: Cornell University Press.

图书在版编目（CIP）数据

波烈、迪奥和夏帕瑞丽：时尚、女性气质与现代性 /
（加）伊利娅·帕金丝（Ilya Parkins）著；余渭深，邸
超译. -- 重庆：重庆大学出版社，2022.10
（万花筒）
书名原文：Poiret, Dior and Schiaparelli:
Fashion, Femininity and Modernity
ISBN 978-7-5689-3516-6

Ⅰ.①波… Ⅱ.①伊… ②余… ③邸… Ⅲ.①女性—
时装—服饰文化—文化研究—世界 Ⅳ.①TS941.7
中国版本图书馆CIP数据核字（2022）第156973号

波烈、迪奥和夏帕瑞丽：时尚、女性气质与现代性
BOLIE、DI'AO HE XIAPARUILI: SHISHANG、NÜXING QIZHI YU XIANDAIXING

〔加〕伊利娅·帕金丝（Ilya Parkins）——— 著
余渭深　邸超 —— 译

责任编辑：张　维
责任校对：关德强
书籍设计：崔晓晋
责任印制：张　策

重庆大学出版社出版发行
出版人：饶帮华
社址：(401331) 重庆市沙坪坝区大学城西路 21 号
网址：http://www.cqup.com.cn
印刷：天津图文方嘉印刷有限公司

开本：880mm×1230mm　1/32　印张：9.25　字数：222 千
2022 年 10 月第 1 版　　2022 年 10 月第 1 次印刷
ISBN 978-7-5689-3516-6　定价：99.00 元

版贸核渝字(2022)第054号